インプレスR&D [NextPublishing]
技術の泉 SERIES
E-Book / Print Book
Office Open XML
フォーマットガイド
折戸 孝行 著
あと一歩深い情報を
得るためのロードマップ
impress R&D
GIJUTSU no IZUMI SERIES
泉
POWERED by NEXTPUBLISHING
技術の泉 SERIES

JN207666

目次

はじめに

本書はOffice Open XML（以降、OOXML）を扱うときのとっかかりになることを目標にしている。そのため、本書を読めばOOXMLのすべてを理解できるわけではないことを前もってお伝えする。そもそも、ISOやECMAで公開されている公式の仕様書を真正面から読み始めるには数千ページにおよぶPDFが精神的なハードルを上げてくる。そこで、OOXMLを読み解く上で必要最低限な情報と著者が過去に苦労した部分をピックアップして解説している。

OOXMLは、ざっくりと言えばZIPで固められたXMLファイルの集合だ。一般的なコンピューターシステムであれば当たり前に提供されている機能を使用して取り扱うことが容易にできる仕組みだ。本書ではXML内で使用される要素（タグ）について解説しつつ、それらのリファレンスだけを見ても分かりづらい内容を中心にまとめている。そのため、要素ひとつひとつの詳しい説明はISOやECMAの仕様書を参照することをお勧めする。ただ、どのような仕様書があり、どのあたりにどのような情報が書かれているかをまとめているため、OOXMLの内容以前の手がかりを得られる本になっている。

いろいろと書き連ねたいこともあるが、本書が仕様書の膨大な情報によってそびえ立つ壁を乗り越えるきっかけになればと願っている。

対象仕様・動作確認環境

本書の内容は次の仕様と環境で確認している。

- 対象仕様：ECMA-376第5版（Part2のみ第4版）のStrict版
- 確認環境：Microsoft Office 365 Version 1905（Office 2019相当）

サンプルデータ

本書で使用するサンプルコードは次のGitHubリポジトリーよりダウンロードして活用してほしい。

https://github.com/ioriayane/OfficeOpenXmlFormatGuide

注意

本章でOffice Open XMLに関連する英語を和訳する場合、Microsoft Officeのユーザーインターフェースで使用されている言葉を可能な限り採用する。

また、紙面の都合でサンプルのXMLを適当な位置で改行しているが、XML的に不正な状況になっている場面もある。その場合は、不要な改行がないものとして扱ってほしい。なお、ダウンロードできるサンプルデータに不要な改行はない。

第1章　Office Open XMLとは

本章では、OOXMLについての概要や情報の入手元などについて述べる。

1.1. 概要

OOXMLとは、主にMicrosoft Office（以降、MS Office）で使用されているファイルフォーマットである。XMLをベースにしたファイル群がZIP形式で圧縮されている。MS Office 2003まではバイナリ形式だったものが、XMLを使用したテキスト形式かつ仕様が国際標準となった。そのため、誰でもMS Officeが扱うファイルを読み書きできるようになった。つまり、個人レベルのプロダクトでもMS Officeのインストール状況に関係なくdocxやxlsx、pptxファイルが扱えるのである。そもそも、MS Officeのファイルを扱うオープンソースプロダクト「Apache POI」の存在自体が、国際標準になった意義の大きさを示しているのではないだろうか（MS Officeのファイルを使用すること自体について望む望まないの問題は置いておくが……）。

さて、OOXMLとしてサポートしている主な形式はワードプロセッサ、スプレッドシート、プレゼンテーションの3種類となる。MS Officeシリーズとしてはいくつかのアプリケーションが存在するが、WordとExcelとPowerPointが対象となる。OOXMLではそれぞれのドキュメントの特性にあった異なるデータ構造が定義がされている。しかし、XMLファイル自体を管理するためのプラットフォーム的な仕様やドキュメント内で使用する共通要素（図や数式など）もあり、近い概念で扱えるようになっている。

1.2. 仕様の種類について

OOXMLの仕様には「Strict」と「Transitional」の2種類が存在する。MS Officeとしては基本的にStrict版の読み書きに対応することでISOに準拠[1]している体をとっているが、大抵のユーザーが日常的にMS Officeで利用しているファイル形式はTransitional版になる。過去の製品（Office 2003以前）との互換性を維持するためだ。つまり、Strict版はTransitional版のサブセットとなる。

なお、MS Officeのファイルを保存するときのファイル形式を次から選択するとStrict版になる。

- Word：完全 Open XML ドキュメント（*.docx）
- Excel：Strict Open XML スプレッドシート（*.xlsx）
- PowerPoint：完全 Open XML プレゼンテーション（*.pptx）

1.Office 2010 の OOXML は ISO 標準に準拠してない!? - 仕様サポート巡って議論 https://news.mynavi.jp/article/20100408-a084/

1.3. 仕様の構成について

OOXMLの仕様は2006/12にECMA-376として標準化され、2008/11にISO/IEC 29500として公開された。公開後に数回の更新が行われ現在の仕様は次の4編に分かれている。

- Part1 : Fundamentals and Markup Language Reference
  OOXMLの基本やStrict版の仕様についてを定義。各ドキュメント（ワープロ・スプレッドシート・プレゼンテーション）におけるデータ構造、要素や属性のリファレンスなど
- Part2 : Open Packaging Conventions
  ドキュメントファイル（*.docxや*.xlsxや*.pptx）としてXMLファイルやリソースをパッケージングするための仕様を定義。どのファイルに何が書かれているかの定義やリソースの関連付け方法、デジタル署名など
- Part3 : Markup Compatibility and Extensibility
  将来の仕様変更にそなえて互換性の維持方法などを定義。ドキュメントをどのように作成するべきか、読み込むべきかなど
- Part4 : Transitional Migration Features
  Trasitionalとして追加されている仕様についての定義

また、次の表のとおりMS Officeのバージョンアップに合わせて更新されていっている。ECMA-376の第2版以降はタイミングに若干のバラツキはあるものの基本的にISO 29500とセットで更新されている。

表1-1　仕様書の発行タイミングとMS Officeとの関係

年	月	リリース内容	対応Office
2006	12	ECMA-376 第1版	Office 2007
2008	11	ISO/IEC 29500 第1版	Office 2008
	12	ECMA-376 第2版	
2011	06	ECMA-376 第3版	Office 2010
	08	ISO/IEC 29500 第2版	
2012	09	ISO/IEC 29500 第3版	Office 2013
	12	ECMA-376 第4版	
2015	07	ISO/IEC 29500 第4版（Part3のみ）	Office 2016
	12	ECMA-376 第5版（Part3のみ） ※注：Part3の第5版のPDFにはしおりが設定されておらず、非常に見づらい。他のPartや第4版にはしおりが設定されている。	
2016	11	ISO/IEC 29500 第4版（Part1, 4のみ）	
	12	ECMA-376 第5版（Part1, 4のみ）	

1.4. 仕様書の入手

仕様書は次のECMAとISOのWebサイトで入手可能だ。

ECMAより

・Standard ECMA-376 Office Open XML File Formats
　https://www.ecma-international.org/publications/standards/Ecma-376.htm

ISOより

・ISO/IEC 29500-1:2016
　https://www.iso.org/standard/71691.html

・ISO/IEC 29500-2:2012
　https://www.iso.org/standard/61796.html

・ISO/IEC 29500-3:2015
　https://www.iso.org/standard/65533.html

・ISO/IEC 29500-4:2016
　https://www.iso.org/standard/71692.html

なお、ISO版はアクセスするとわかるが「ISO/IEC Information Technology Task Force (ITTF)」でダウンロード可能となっている。

・ITTF
https://standards.iso.org/ittf/PubliclyAvailableStandards/index.html

また、ITTFからダウンロードする際は「Electronic inserts」のリンクで示されるファイルもダウンロードしないとスキーマ定義ファイルなど仕様書以外の添付資料が入手できないため、注意してほしい。ECMA-376の方はPartごとにファイルがセットになっている。

1.5. 仕様書アーカイブの内容

すべてを解説はできないが、仕様書とセットで入手できるファイルについて紹介する。なお、ファイル名はECMA-376基準である。

- ECMA-376, Fifth Edition, Part 1 - Fundamentals And Markup Language Reference.zip
- Ecma Office Open XML Part 1 - Fundamentals And Markup Language Reference.pdf
  OOXMLの基本的なことやStrict版の仕様について記載
- OfficeOpenXML-DrawingMLGeometries.zip
  プリセットの図形やワードアートの描画方法を定義したファイル一式（*.xml）。仕様書のAnnex H.にも記載されているがサンプル扱いとなっている
- OfficeOpenXML-RELAXNG-Strict.zip
  RELAX NGの短縮構文で書かれたスキーマ定義ファイル一式（*.rnc）。仕様書のAnnex B.にも記載されている。ただし、XML Schemeから自動生成されており、もし、XML Schemeと矛盾する場合は、そちらが優先される
- OfficeOpenXML-SpreadsheetMLStyles.zip
  SpreadsheetMLで使用するスタイル定義ファイル一式（*.xml, *.xlsx）。表とセルとピボットテーブルのスタイルが対象。仕様書のAnnex G.に具体的な見た目の見本もあり
- OfficeOpenXML-WordprocessingMLArtBorders.zip
  WordprocessingMLで使用するアート枠線の画像ファイル一式（*.png）。仕様書のAnnex F.にも記載されており、リンクを辿るとサンプルも含めた具体的な説明あり
- OfficeOpenXML-XMLSchema-Strict.zip
  XML Schemeで記述されたスキーマ定義ファイル一式（*.xsd）。仕様書のAnnex A.にも記載されており、対応するxsdファイル名も記載あり。次は代表的なファイル
  - wml.xsd（WordprocessingML）
  - sml.xsd（SpreadsheetML）
  - pml.xsd（PresentationML）
  - dml-main.xsd（DrawingML）
  - ECMA-376, Fourth Edition, Part 2 - Open Packaging Conventions.zip
- Ecma Office Open XML Part 2 - Open Packaging Conventions.pdf
  ドキュメントに含めるファイルの構成方法について記載

・OpenPackagingConventions-RELAXNG.zip
RELAX NGの短縮構文で書かれたドキュメントパッケージング用のスキーマ定義ファイル一式（*.rnc）
・OpenPackagingConventions-XMLSchema.zip
XML Schemeで記述されたドキュメントパッケージング用のスキーマ定義ファイル一式（*.xsd）
・ECMA-376, Fifth Edition, Part 3 - Markup Compatibility and Extensibility.zip
・Ecma Office Open XML Part 3 - Markup Compatibility and Extensibility.pdf
互換性を意識したドキュメントの作り方、読み方について記載
・ECMA-376, Fifth Edition, Part 4 - Transitional Migration Features.zip
・Ecma Office Open XML Part 4 - Transitional Migration Features.pdf
Transitional版の仕様について記載
・OfficeOpenXML-RELAXNG-Transitional.zip
RELAX NGの短縮構文で書かれたスキーマ定義ファイル一式（*.rnc）
・OfficeOpenXML-XMLSchema-Transitional.zip
XML Schemeで記述されたTransitionalのスキーマ定義ファイル一式（*.xsd）。Strictとの大きな差として「vml-*.xsd」ファイルが存在

1.6. 入門的な情報

ECMA-376のWebサイトでOOXMLの概要についてまとめたドキュメントがダウンロードできる。

ファイル名：OpenXML White Paper.pdf

このドキュメント自体は第1版のときに書かれたもののようだが[2]、重要なポイントをざっと参照するには丁度良いだろう。
または、仕様書Part1の次の章が入門となっている。

Annex L. (informative) Primer

1.7. 互換ソフトは難しい？

まず、仕様書に書かれているアプリケーションのOOXMLへの適合性[3]について紹介する。

・読み込みにおいて適合したドキュメントを拒否してはいけない
・書き出しにおいて適合したドキュメントを作成できなければならない
・ただし、OOXMLで定義された仕様に矛盾しないかぎり、そのすべてに対応しなくても良い

2. このドキュメント内に仕様書のどこあたりに書かれていることかを示すために章番号が書かれているが対象にしている版が古くていまいち使えない
3. 詳細は、2.2 Application Conformanceを参照

1番目と2番目を見ると少し気負ってしまうかもしれない。しかし、3番目を見て安心していただけただろう。

例えば、Wordファイルから著者名を取得してくるアプリケーションを作成する場合、著者名が記述された場所を特定するために必要な機能にのみ正確に対応していれば、他を無視しても良い。逆にWordファイルを生成するアプリケーションは、ドキュメントとして成立する最低限の機能に対応していれば、他を無視しても良い。当たり前の内容ではあるが、使いたい機能についてしっかりと理解して使っていればOKということだ。

ちなみに、Excelであれば計算式や外部ドキュメント参照に対応しなくても結果のキャッシュが保存されているため、読み込みだけで良ければ問題になることは少ないだろう。ただし、Excelの再計算機能を手動にしているドキュメントは問題になる可能性がある。

とは言え、ワープロやスプレッドシートやプレゼンテーションのドキュメントを自由に編集するアプリケーションとなると事情が変わってくるのは想像に難くない。繰り返しになるが、あまり使用しない機能は省略しても良いし、限られた範囲から作っていくことが普通の流れだろう。たゆまぬ努力の先には素晴らしいアプリケーションの完成が待っているはずである。

第2章 導入（HelloWorld）

本章ではOOXMLに慣れてもらうため、技術書で定番のHelloWorld的なドキュメントで基本的な部分を解説する。ワードプロセッサ・スプレッドシート・プレゼンテーションをテキストエディターでもできるレベルに調整した最小構成サンプルを使用する。厳密にはZIP圧縮できるソフトが必要となるが、今どきWindowsでも標準状態で可能なためあえて言及しない。

また、最小構成と述べたが、OOXMLのドキュメントとして成立する最小構成ではない。本当の最小構成にすると内容がまったくない寂しい状態になってしまい導入での説明にしても不十分なため、少し増やしている。必要最低限と言ったところだ。

なお、ワードプロセッサ→スプレッドシート→プレゼンテーションの順番にデータ構造（ファイル構成）が少しずつ複雑になり、OOXMLらしい説明が増えていく。

2.1. 最小構成のWordprocessingML

WordprocessingMLのサンプルデータを次のフォルダーに用意した。サンプルの出来上がりは図2-1のとおりだ。

サンプルフォルダー：HelloWorld\WordprocessingML
出来上がり見本：HelloWorld\WordprocessingML.docx

図2-1　サンプル出来上がり見本

次の3つのファイルを作成し、順番に解説する。

・[Content_Types].xml
・_rels\.rels
・document.xml

2.1.1. コンテンツタイプの定義

最初に[Content_Types].xmlについて解説する。このファイルはドキュメント内に含まれるすべてのファイルがそれぞれどのような役割（本文や画像など）を担っているかを定義する。

なお、コンテンツタイプとして定義されていないファイルがドキュメント内（ZIPファイル内）に紛れ込んでいるとMS Officeでは不正なファイル扱いとなる。後述するが、OOXMLは役割ごとにファイルを分けることになっているため、それらのファイルを追加したときにコンテンツタイプとして登録を忘れないようにしてほしい。

コンテンツタイプを定義するファイル[Content_Types].xmlの名称は固定となっており、かつ、このファイルが置かれるフォルダーがドキュメントのルートとなる。

具体的にはリスト2-1のようにTypes要素の配下でDefault要素とOverride要素の2種類を用いてコンテンツタイプを定義する。各要素の説明は表2-1のとおりだ。

リスト2-1 [Content_Types].xml

```
<?xml version="1.0" encoding="UTF-8" standalone="yes"?>
<Types xmlns="http://schemas.openxmlformats.org/package/2006/content-types">
  <Default Extension="rels"
    ContentType="application/vnd.openxmlformats-
      package.relationships+xml"/>
  <Override PartName="/document.xml"
    ContentType="application/vnd.openxmlformats-
      officedocument.wordprocessingml.document.main+xml"/>
</Types>
```

表2-1 [Content_Types].xmlで使用する要素

要素名	説明/属性
Types	[Content_Types].xmlのルート要素 名前空間にはXML Schemeでターゲット指定されている値を指定する。詳細な定義は仕様書Part2の「Annex D.(normative) Schemas - W3C XML Schema」か添付の「opc-contentTypes.xsd」を参照
Default	拡張子単位でコンテンツタイプを設定 ・Extension（必須） 拡張子を指定 ・ContentType（必須） コンテンツタイプを指定。MIMEタイプのようなものでOOXML特有のものはリスト2-1のように固有な値になるが、画像や任意の内容のテキストファイルなどは次のように一般的に使用されている値を使用する 例： JPEG：image/jpeg／TXT：text/plain
Override	拡張子単位（Default要素）で定義された内容をファイル単位で設定（上書き）。ファイル単位で設定するとDefault要素がなくても有効な情報となる ・PartName（必須） 対象ファイルの場所と名前を設定。ルートフォルダー（[Content_Types].xmlのあるフォルダー）からの絶対パスで記述 ・ContentType（必須） Default要素と同様

2.1.1.1. 参照定義ファイルの拡張子の定義

Default要素でドキュメント間の参照関係を定義するためのファイルとして拡張子「.rels」を定義する（内容は「2.1.2 ドキュメントルートの参照関係の定義」で解説）。OOXMLではお約束の定義となる。

サンプルにはないが、他にも画像など一般的なものはDefault要素を使って簡潔に定義していく。

2.1.1.2. 本文ファイルの定義

OOXMLでは「xml」という汎用的な拡張子を使用するため、WordprocessingML固有の情報を含むファイルとしてOverride要素を使用して本文ファイルを定義する。

また、Override要素の名前どおりの使い方としてはリスト2-2のようにもできる。

リスト2-2　[Content_Types].xmlの参考

```
<?xml version="1.0" encoding="UTF-8" standalone="yes"?>
<Types xmlns="http://schemas.openxmlformats.org/package/2006/content-types">
  <Default Extension="pict" ContentType="image/jpeg"/>
  <Override PartName="/hoge/foo.pict" ContentType="image/png"/>
</Types>
```

拡張子「pict」はJPEGファイルとして扱うが、特定のファイルだけPNGファイルとして扱うように定義している例だ。

2.1.2. ドキュメントルートの参照関係の定義

ワードプロセッサの本文などOOXMLの構成パーツは決まった単位でファイルに分割されている。それらのファイル（XML）から参照関係（本文から画像、本文からスタイル情報のような参照）にあるファイルの場所を示す必要がある。そこで、参照関係を示すファイルとして「参照定義ファイル（*.rels）」を作成する。

ただし、例外としてドキュメントルートだけは元になる構成パーツがなくても作成しなければならない。

参照定義ファイルを作成するときのルールは次のふたつだ。

- 参照元になるファイルと同じフォルダーに「_rels/hoge.xml.rels」の命名規則で作成（例：「/document.xml」に対しては「/_rels/document.xml.rels」）
- ドキュメントルートは「/_rels/.rels」固定

このサンプルでは、本文（document.xml）からの参照はなくドキュメントルートのみであるため、作成する参照定義ファイルはリスト2-3の1ファイルのみになる。使用する要素の説明は表2-2のとおりだ。

リスト2-3　/_rels/.rels

```
<?xml version="1.0" encoding="UTF-8" standalone="yes"?>
<Relationships
    xmlns="http://schemas.openxmlformats.org/package/2006/relationships">
  <Relationship Id="rId1"
    Type="http://purl.oclc.org/ooxml/officeDocument/
          relationships/officeDocument"
```

```
    Target="document.xml"/>
</Relationships>
```

表2-2 *.relsで使用する要素

要素名	説明/属性
Relationships	参照定義ファイル（*.rels）のルート要素 名前空間にはXML Schemeでターゲット指定されている値を設定。詳細な定義は仕様書Part2の「Annex D.(normative) Schemas - W3C XML Schema」か添付の「opc-relationships.xsd」を参照
Relationship	拡張子単位でコンテンツタイプを定義 ・Id（必須） 識別子。ファイル単位で一意であれば良い（厳密にはRelationships要素の配下内だが、結果的にファイル単位）。明示的に参照先にアクセスするときに使用するが、Type属性を使用して参照関係にあるファイルを探しにくる場合もあるため、必ずしも使用するとは限らない ・Type（必須） 参照先に応じたURIを設定。コンテンツタイプとは違うため注意 ・Target（必須） 参照先へのURIか相対パスを設定。基準は参照元になるファイルとなる 相対パスの例： 次のファイル構成のとき /word/document.xml /word/_rels/document.xml.rels /images/image1.jpg document.xmlがimage1.jpgを参照する場合は次のとおり Target="../images/image1.jpg" ・TargetMode（任意） 参照先がドキュメントの内部にあるか外部にあるかを設定 Internal：内部（デフォルト）／External：外部

2.1.2.1. 参照の定義

このサンプルでは本文への参照定義のみだが、実際には複数のファイルへの定義が並ぶことになる。外部ファイルを参照する場合は、TargetMode属性のつけ忘れに注意したい。

ちなみにドキュメントルートの参照定義に並ぶファイルの候補は表2-3のとおりだ。

表2-3 ドキュメントルートの参照定義で登録される構成パーツ一覧

構成パーツ	ファイル名の例	備考
Main Document	word/document.xml	WordprocessingMLのみ
Workbook	xl/workbook.xml	SpreadsheetMLのみ
Presentation	ppt/presentation.xml	PresentationMLのみ
Digital Signature Origin	_xmlsignatures/origin.sigs	共通
File Properties, Extended	docProps/app.xml	共通
File Properties, Core	docProps/core.xml	共通
File Properties, Custom	docProps/custom.xml	共通
Thumbnail	docProps/thumbnail.jpg	共通

OOXMLには様々な構成パーツが存在しており、その情報を「3.1 構成パーツと関係性」にまとめている。表2-3に登場するパーツ以外は本文・ワークブック・プレゼンテーションのいずれかを起点

とした構造の中にだけ登場する。

2.1.3. 本文の定義

いよいよ本文を定義する。「Hello World!」の文字を中央寄せかつ太字にする。内容はリスト2-4で、使用している要素の解説は表2-4のとおりだ。

リスト2-4　document.xml

```
<?xml version="1.0" encoding="UTF-8" standalone="yes"?>
<w:document xmlns:w="http://purl.oclc.org/ooxml/wordprocessingml/main"
    w:conformance="strict">
  <w:body>
    <w:p>
      <w:pPr>
        <w:jc w:val="center"/>
      </w:pPr>
      <w:r>
        <w:rPr>
          <w:b/>
        </w:rPr>
        <w:t>Hello World!</w:t>
      </w:r>
    </w:p>
  </w:body>
</w:document>
```

表2-4　document.xmlで使用する要素

要素名	説明/属性
document	本文のルート要素（Document）：名前空間にはXML Schemeでターゲット指定されている値を指定。詳細な定義は仕様書Part1の「Annex A.(normative)Schemas – W3C XML Schema」か添付の「wml.xsd」を参照 ・conformance（任意）　仕様への適合性を設定 strict：Strict版／transitional：Transitional版（デフォルト）
body	本文の本体要素（Document Body）：この配下に複数の段落（p要素）などを持つ
p	段落（Paragraph）：文章を管理する基本単位であり、WordprocessingMLにおけるデータ構造の基本でもある。body要素の配下に兄弟の関係でいくつも配置できる
pPr	段落プロパティー（Paragraph Properties）：段落全体に対しての書式設定などを行う
jc	段落アライメント（Paragraph Alignment）：段落をページ（表示領域）内での表示位置を設定 ・val（必須）　表示位置を示す値を設定。ST_Jcで定義される次の値を使用。アラビア文字などのための設定もあるため、設定値に左右（right/left）はない both：均等割り付け center：中央寄せ end:右寄せ（右から左への記述設定では左寄せ） start：左寄せ（右から左への記述設定では右寄せ）
r	ラン（Text Run）：段落内の文字列を含む。段落内を部分的に装飾したい場合はr要素を分割
rPr	ランプロパティー（Run Properties）：ランの範囲に対しての書式設定
b	太字（Bold）：同一r要素の配下に太字を設定
t	文字列（Text）：段落内の文字列を設定。この要素の中が本文（の一部）として画面に表示され、印刷される ・xml:space（任意）　ホワイトスペースの取り扱いを設定。XML 1.0におけるホワイトスペースの取り扱いと同様 default：アプリケーション次第／preserve：維持する

2.1.3.1. 名前空間について

OOXML内のXMLファイルでは、それぞれの内容に合わせた名前空間を設定する。本文では複数の機能をひとつのファイルで使用するため、プレフィックスを使用して区別できるようにする。ちなみに、DrawingMLも使用する場合は次のようになる。

```
<?xml version="1.0" encoding="UTF-8" standalone="yes"?>
<w:document xmlns:w="http://purl.oclc.org/ooxml/wordprocessingml/main"
    xmlns:wp="http://purl.oclc.org/ooxml/drawingml/wordprocessingDrawing"
    w:conformance="strict">
<!-- 略 -->
</w:document>
```

そして、Wordで保存したファイルは大量に名前空間のプレフィックスが設定される。

2.1.3.2. 段落構造とプロパティーの効果範囲

body要素の配下にユーザー目線的な意味での本文データが配置される。その中の代表格は、p要素で表す「段落」である（その他にp要素と同じレベルで登場する要素として表関連もある）。その次にr要素で表す「ラン」、最後にt要素などの「ランコンテンツ」だ。構造としては図2-2のイメージとなる。

図2-2　段落のデータ構造例

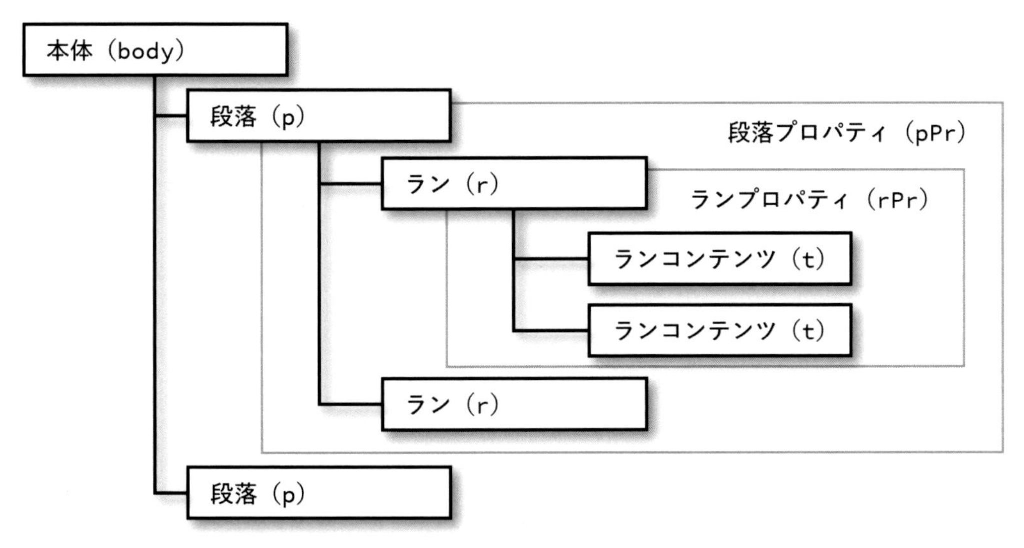

本体の配下に段落が複数登場することはすぐにイメージできるとして、段落の下のランも複数配置できるし、ランの下のランコンテンツ（例えばt要素）も複数配置できる。図2-2のようにt要素を無駄に分割することはないが、pgNum要素（現在のページ番号）やbr要素（段落内改行）のような要素を含めると分割することになる。

ここで注意したいのはプロパティーの効果範囲だ。段落プロパティーもランプロパティーも自身と兄弟関係にある要素に対して効果を与える。ランコンテンツはランの中に複数回配置できるが、それぞれに別の書式を設定したければラン自体を分割しなければならない。HelloWorldのサンプルで単語の最初の文字だけを太字に設定するとリスト2-5のようになる。r要素の分割具合を確認してほしい。

リスト2-5　少し複雑な段落構造

```
<?xml version="1.0" encoding="UTF-8" standalone="yes"?>
<w:document xmlns:w="http://purl.oclc.org/ooxml/wordprocessingml/main"
    w:conformance="strict">
  <w:body>
    <w:p>
      <w:pPr>
        <w:jc w:val="center"/>
      </w:pPr>
      <!-- 太字の範囲 -->
      <w:r>
```

```
        <w:rPr>
          <w:b/>
        </w:rPr>
        <w:t>H</w:t>
      </w:r>
      <!-- 通常の範囲 -->
      <w:r>
        <w:t xml:space="preserve">ello </w:t>
      </w:r>
      <!-- 太字の範囲 -->
      <w:r>
        <w:rPr>
          <w:b/>
        </w:rPr>
        <w:t>W</w:t>
      </w:r>
      <!-- 通常の範囲 -->
      <w:r>
        <w:t>orld!</w:t>
      </w:r>
    </w:p>
  </w:body>
</w:document>
```

t要素について補足する。本文で使用できる要素として表2-4でも解説しているが、t要素内のホワイトスペースを要素内で記述したとおりにアプリケーションに処理させたい（維持させたい）場合に「xml:space="preserve"」を指定する。リスト2-5の「ello 」の部分のように単語の最後にホワイトスペースが来てしまう場合は、扱いに気をつけないと意図せず消えてしまい悩むことになる。

ちなみに、段落プロパティーで使用できる要素、ランプロパティーで使用できる要素は決まっており、段落全体を太字にしたいからと段落プロパティーにb要素を追加してはいけない。スキーマ定義違反となる。

2.1.4. 仕上げ

最後にワードプロセッサ（*.docx）として使用できるように1ファイルにまとめる。方法は簡単で圧縮するだけだ。ただし、[Content_Types].xmlがZIPファイル内のルートフォルダーに配置されるようにすること。作成したXMLファイルなどが入ったフォルダーを圧縮してしまわないように注意してほしい。

圧縮後は、拡張子をdocxに変更して実際にWordで開いて確認してみよう。

2.2. 最小構成のSpreadsheetML

SpreadsheetMLのサンプルデータを次のフォルダーに用意した。サンプルの出来上がりは図2-3のとおりだ。

サンプルフォルダー：HelloWorld\SpreadsheetML
出来上がり見本：HelloWorld\SpreadsheetML.xlsx

図2-3　サンプル出来上がり見本

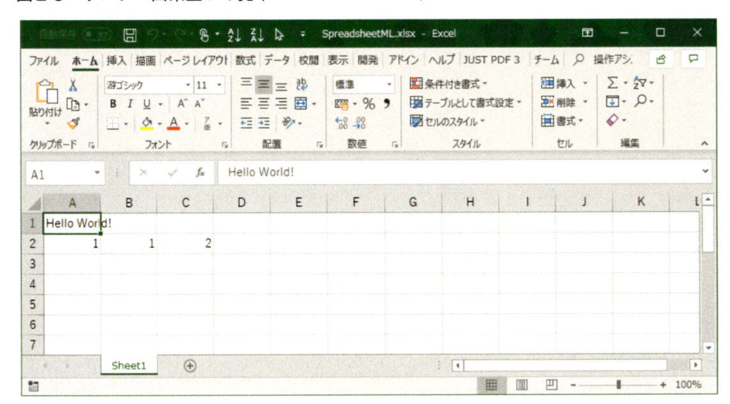

作成するファイルは次の6つだ。

- [Content_Types].xml
- _rels\.rels
- workbook.xml
- _rels\workbook.xml.rels
- sheet1.xml
- sharedStrings.xml

ちなみに、シートの内容が空でも良ければ「workbook.xml.rels」と「sharedStrings.xml」は不要になる。

2.2.1. コンテンツタイプの定義

コンテンツタイプの定義はWordprocessingMLと同様でリスト2-6のとおりだ。使用する要素も同じでファイル構成の変化に対応した内容になる。

リスト2-6　[Content_Types].xml

```
<?xml version="1.0" encoding="UTF-8" standalone="yes"?>
<Types xmlns="http://schemas.openxmlformats.org/package/2006/content-types">
  <Default Extension="rels"
```

```
    ContentType="application/vnd.openxmlformats-package.relationships+xml"/>
  <Default Extension="xml" ContentType="application/xml"/>
  <Override PartName="/workbook.xml"
    ContentType="application/vnd.openxmlformats-officedocument.spreadsheetml
                .sheet.main+xml"/>
  <Override PartName="/sheet1.xml"
    ContentType="application/vnd.openxmlformats-officedocument.spreadsheetml
                .worksheet+xml"/>
  <Override PartName="/sharedStrings.xml"
    ContentType="application/vnd.openxmlformats-officedocument.spreadsheetml
                .sharedStrings+xml"/>
</Types>
```

2.2.2. ドキュメントルートの参照関係の定義

参照関係の定義もWordprocessingMLと同様でリスト2-7のとおりだ。ドキュメントルートから参照するファイルは「workbook.xml」のみとなる。

リスト2-7　/_rels/.rels

```
<?xml version="1.0" encoding="UTF-8" standalone="yes"?>
<Relationships
    xmlns="http://schemas.openxmlformats.org/package/2006/relationships">
  <Relationship Id="rId1"
    Type="http://purl.oclc.org/ooxml/officeDocument/
          relationships/officeDocument"
    Target="workbook.xml"/>
</Relationships>
```

2.2.3. ワークブックの定義

ワークブックではシートの管理やワークブック全体に関わる設定などを行う。このサンプルでは最小構成なためシートの定義のみとなる。内容はリスト2-8のとおりで、使用する要素の説明は表2-2である。

リスト2-8　/workbook.xml

```
<?xml version="1.0" encoding="UTF-8" standalone="yes"?>
<workbook xmlns="http://purl.oclc.org/ooxml/spreadsheetml/main"
    xmlns:r="http://purl.oclc.org/ooxml/officeDocument/relationships"
    conformance="strict">
  <sheets>
    <sheet sheetId="1" name="Sheet1" r:id="rId1"/>
```

```
  </sheets>
</workbook>
```

表2-5　workbook.xmlで使用する要素

要素名	説明/属性
workbook	ワークブックのルート要素：名前空間にはXML Schemeでターゲット指定されている値を指定。詳細な定義は仕様書Part1の「Annex A.(normative)Schemas – W3C XML Schema」か添付の「sml.xsd」を参照 ・conformance（任意）　仕様への適合性を設定 　strict：Strict版／transitional：Transitional版（デフォルト）
sheets	シートのコレクション（Sheets）：配下にsheet要素を配置してワークブックで使用するシートのすべてを管理
sheet	シート（Sheet Information）：個々のシート情報を次の属性を用いて管理 ・r:id（必須）　参照定義ファイルを通じてシートの実体（ファイル）を取得するためのid。このidは参照関係の定義に使用する機能として扱われるため、名前空間は次のようになる http://purl.oclc.org/ooxml/officeDocument/relationships ・name（必須）　シート名を設定。Excel的に31文字まで ・sheetId（必須）　シートの識別子。ワークブック内でユニークであれば特に制限はない。また、参照先のシートを定義するファイル名との相関はない ・state（任意）　シートの表示・非表示設定 hidden：シートを非表示。ユーザーがGUIで操作できる veryHidden：シート非表示。ユーザーがGUIから操作できずマクロなどからのみ操作可能 visible：シートを表示（デフォルト）

2.2.3.1. 名前空間

シートの参照先を指定するidがworkbookの名前空間と異なるため、プレフィックス付きでふたつ目の設定をしている。

このように要素だけでなく、属性に対する名前空間の設定が必要な場合もあるため注意が必要だ。

2.2.3.2. 参照関係

シートの内容が定義されているファイルへの参照はidを使用する。参照定義ファイル（*.rels）の内容は後述するため、解説が少し前後するが参照の流れのイメージは図2-4のとおりだ。

図2-4　参照を辿るイメージ

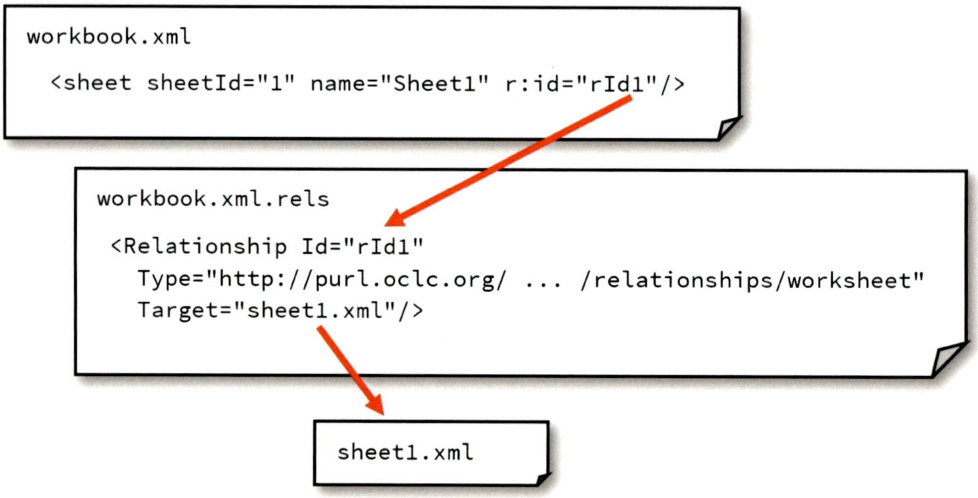

```
workbook.xml
  <sheet sheetId="1" name="Sheet1" r:id="rId1"/>

workbook.xml.rels
  <Relationship Id="rId1"
    Type="http://purl.oclc.org/ ... /relationships/worksheet"
    Target="sheet1.xml"/>

sheet1.xml
```

シートの場合は具体的なファイルまで辿るが、ハイパーリンクのような例ではURLが参照定義ファイル内で見つかるため、それ以上たどらない場合もある。

2.2.4. ワークブックの参照関係の定義

ワークブックからの参照定義もリスト2-9のように定義する。

リスト2-9　/_rels/workbook.xml.rels

```
<?xml version="1.0" encoding="UTF-8" standalone="yes"?>
<Relationships
    xmlns="http://schemas.openxmlformats.org/package/2006/relationships">
  <Relationship Id="rId1"
    Type="http://purl.oclc.org/ooxml/officeDocument/relationships/worksheet"
    Target="sheet1.xml"/>
  <Relationship Id="rId2"
    Type="http://purl.oclc.org/ooxml/officeDocument/
          relationships/sharedStrings"
    Target="sharedStrings.xml"/>
</Relationships>
```

このサンプルのワークブックからはシート（sheet1.xml）と共有文字列（sharedStrings.xml）への参照を設定する。前述したとおりシートはワークブックからidで明示的な参照として利用される。共有文字列はワークブック全体で使用するファイルとして定義するため、Type属性のuriで判断して参照する。

参照の仕方はコンテンツタイプごとに変化するため、都度確認をしてほしい。

2.2.5. ワークシートの定義

ワークシートは、行単位でセルの情報を定義する。また、必要なセルのデータのみ定義するため、使用可能範囲限界の位置にデータがあっても途中がなければファイルサイズが無駄に大きくなることはない。

具体的にはリスト2-10のとおりで、使用する要素の説明は表2-6のとおりだ。

リスト2-10　/sheet1.xml

```
<?xml version="1.0" encoding="UTF-8" standalone="yes"?>
<worksheet xmlns="http://purl.oclc.org/ooxml/spreadsheetml/main">
  <sheetData>
    <row r="1">
      <c r="A1" t="s">
        <v>0</v>
      </c>
    </row>
    <row r="2">
      <c r="A2">
        <v>1</v>
      </c>
      <c r="B2">
        <v>1</v>
      </c>
      <c r="C2">
        <f>A2+B2</f>
        <v>2</v>
      </c>
    </row>
  </sheetData>
</worksheet>
```

表2-6　sheet1.xmlで使用する要素

要素名	説明/属性
worksheet	シートのルート要素：名前空間にはXML Schemeでターゲット指定されている値を指定。詳細な定義は仕様書Part1の「Annex A.(normative)Schemas – W3C XML Schema」か添付の「sml.xsd」を参照
sheetData	シートのデータ（Sheet Data）：行のコレクションを定義。配下にはrow要素のみ
row	行（Row）：セルのコレクションを定義。配下にはc要素とextLst要素のみ。属性は次のr意外にも多数あるがここでは省略 ・r（任意）　行番号を1ベースで指定。sheetData要素の配下でrow要素の出てくる順番に合わせて値が大きくならなければならない。空行を許すため、値は飛んでも良いが、部分的に入れ替わったり降順にはできない
c	セル（Cell）：セルに関連する情報を定義。配下に式や値などを含む ・r（任意）　セルの参照をA1書式で設定。row要素の配下でc要素の出てくる順番にA,B,C...と大きくならなければならない。空のセルを許すため、値は飛んでも良いが、部分的に入れ替わったり降順にしたりはできない ・t（任意）　セルのデータタイプの設定。v属性やf属性の内容に影響 b（Boolean）：真偽値 d（Date）：日付（ISO 8601書式） e（Error）：エラー値 inlineStr（inline string）：リッチテキスト n（Number）：数値 s（Shared String）：共有文字列 str（String）：数式の計算結果が文字列 いわゆる書式設定から行う表示設定はスタイルで行う（s属性）
v	値（Value）：c要素のt属性に合わせた値を設定。設定状況によって次のとおり設定する t属性がないとき：数値（計算式の計算結果が数値のときも含む） b：1 or 0 d：2019-04-14T11:00 e：#DIV/0!や#N/Aなどのエラー値 inlineStr：v要素を使用しない n：数値（デフォルト。数式の結果が数値のとき） s：共有文字列の定義内でのインデックス（0ベース） str：文字列（数式の結果に文字列を含むとき） v要素の中身は共有文字列の定義ファイル内でのインデックスになる
f	式（Formula）：数式。先頭に「=」記号は書かない
is	リッチテキスト（Rich Text Inline）：c要素のt属性にinlineStrが設定されるとv要素ではなくis要素を使用

2.2.5.1. 位置情報

行の位置情報（row要素のr属性）やセルの位置情報（c要素のr属性）は基本的に任意だが、表2-6でも解説したとおり空の行やセルを表現するためには必要な情報だ（行を飛ばす、セルを飛ばすため）。

位置情報をすべて省略した場合は、すべての情報が左上（A1）の方向に詰められた表になる。つまり、データの充填率が高い簡単な表を作る場合は省略してもかまわないが、凝ったフォーマットの表を作る場合は必須となる。とは言えExcelが出力するデータを扱いたい（読み込みたい）場合は、対応必須な情報だ。

2.2.5.2. セルの値

セルを定義するc要素とv要素は内容次第で使い方が変わるため注意が必要だ。特にf要素を使用するとき（つまりは計算式があるとき）は、v要素は計算結果のキャッシュ扱いになるが、式の結果次第でc要素のt属性にも影響がでる。また、共有文字列の場合は参照先でのインデックスになってしまい明らかに使い方が変わってしまうのも注意点だ。数値の見た目に騙されてはいけない。

2.2.6. 共有文字列の定義

ワークブック内で使用する文字列を一元的に管理するファイルだ。セルに直接文字列を設定することもできるが、効率が悪いためExcelは共有文字列を使用する。このファイルにはセル全体が文字列として扱われるような場合に登録し、「'0123」のように数値の頭にシングルクォーテーションをつけて強制的に文字列化した場合も含む。

具体的にはリスト2-11のとおりで、使用する要素の説明は表2-7のとおりだ。

リスト2-11　/ sharedStrings.xml

```
<?xml version="1.0" encoding="UTF-8" standalone="yes"?>
<sst xmlns="http://purl.oclc.org/ooxml/spreadsheetml/main">
  <si>
    <r>
      <rPr>
        <color rgb="FFFF0000"/>
      </rPr>
      <t>Hello World!</t>
    </r>
  </si>
</sst>
```

表2-7　sharedStrings.xmlで使用する要素

要素名	説明/属性
sst	共通文字列（Shared String Table）のルート要素：名前空間にはXML Schemeでターゲット指定されている値を指定。詳細な定義は仕様書Part1の「Annex A.(normative)Schemas – W3C XML Schema」か添付の「sml.xsd」を参照
si	文字列アイテム（String Item）：セルで使用する文字列を定義。この要素がsst要素の配下に複数定義される
t	文字列（Text）：特に書式がないときはsi要素の直下で文字列を定義。書式がある場合は、r要素の配下で使用
r	書式付き文字列ラン（Rich Text Run）：セル内の文字列に書式設定をする場合に使用。si要素の配下にr要素は複数定義できるため、部分的な書式設定も可能
rPr	ランプロパティー（Run Properties）：r要素配下への書式設定を行う

color	前景色（Color）：フォント色を指定
	・rgb（任意）　8桁の16進数で指定。Alpha,Red,Green,Blueの順番
	・auto（任意）　自動設定を真偽値で指定。特定の色の指定はなくスタイルなどに依存
	・indexed（任意）　インデックスで定義されている色を指定。後方互換のために用意されている
	0:黒／1:白／2:赤
	詳細は「Part1の18.8.27 indexedColors（Color Indexes）」を参照
	・theme（任意）　テーマパート（例えばtheme1.xml）で定義された色を参照するための0ベースのインデックスを指定
	例えば0の場合、対応する要素名が「dk1」と定義されておりtheme1.xml内のclrScheme要素の配下にあるdk1要素を参照し、その配下でsysClr要素もしくはsrgbClr要素で定義される色を使用
	詳細は「20.1.6.2 clrScheme（Color Scheme）」を参照
	・tint（任意）　元のRGB値に対する輝度の調節値（デフォルトは0.0）
	-1.0〜1.0で指定し、-1.0のとき一番暗く、1.0のとき一番明るい。0.0のとき何も調整しない
	調整の計算はRGB値からHSL値に変換して次の式を用いる
	If (tint < 0)
	Lum' = Lum * (1.0 + tint)
	If (tint > 0)
	Lum' = Lum * (1.0-tint) + (HLSMAX – HLSMAX * (1.0-tint))
	HLSMAX=255（仕様書で今のところの定義となっている）

2.2.6.1. 文字列の管理

管理する文字列はsi要素の登場順に0ベースのインデックスが暗黙的に付与されている状態で、シートから使用する場合は、そのインデックスで共有文字列の中から選択する。また、共有しているだけあって、文字列は重複のないように登録をすると効率が良い（重複しても駄目ではない）。

2.2.6.2. 書式

書式設定を行う場合はr要素とrPr要素を使用する。これはWordprocessingMLの段落配下と同じイメージだ（p要素がsi要素に変わったイメージ）。もちろん、厳密にはSpreadsheetMLで使用するr要素とrPr要素は、WordprocessingMLとは別物だ。

2.2.7. 仕上げ

WordprocessingMLと同様に[Content_Types].xmlがZIPファイルのルートフォルダーに配置さ

れるように圧縮する。

圧縮後は、拡張子をxlsxに変更して実際にExcelで開いて確認してみよう。

2.3. 最小構成のPresentationML

PresentationMLのサンプルデータを次のフォルダーに用意した。

サンプルフォルダー：HelloWorld\PresentationML

出来上がり見本：HelloWorld\PresentationML.pptx

図2-5　サンプル出来上がり見本

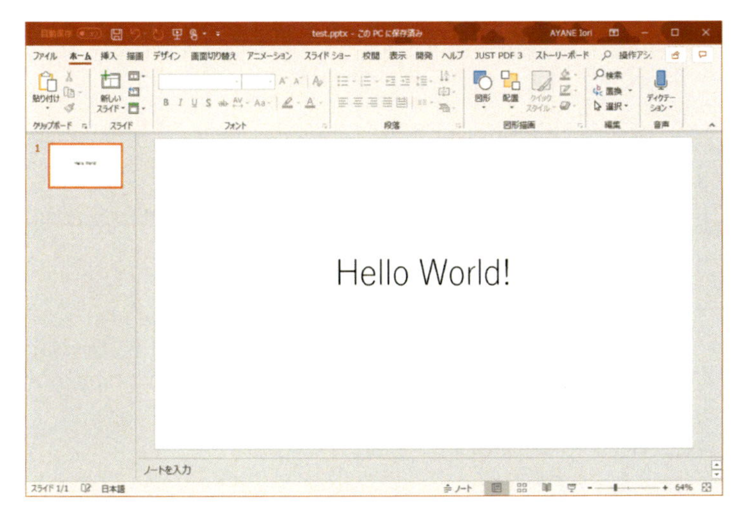

作成するファイルは次の11個だ。

- [Content_Types].xml
- _rels\.rels
- presentation.xml
- _rels\presentation.xml.rels
- slide1.xml
- _rels\slide1.xml.rels
- slideLayout1.xml
- _rels\slideLayout1.xml.rels
- slideMaster1.xml
- _rels\slideMaster1.xml.rels
- theme1.xml

ちなみに、スライドが一枚もない空のファイルで良ければ次の3ファイルだけで成立する。

・[Content_Types].xml

・_rels\.rels

・presentation.xml

2.3.1. コンテンツタイプの定義

コンテンツタイプの定義はWordprocessingMLと同様でリスト2-12のとおりだ。使用する要素も同じでファイル構成の変化に対応した状態になる。

リスト2-12　[Content_Types].xml

```
<?xml version="1.0" encoding="UTF-8" standalone="yes"?>
<Types xmlns="http://schemas.openxmlformats.org/package/2006/content-types">
  <Default Extension="rels"
    ContentType="application/vnd.openxmlformats-package.relationships+xml"/>
  <Default Extension="xml" ContentType="application/xml"/>
  <Override PartName="/presentation.xml"
    ContentType="application/vnd.openxmlformats-officedocument.presentationml
                .presentation.main+xml"/>
  <Override PartName="/slide1.xml"
    ContentType="application/vnd.openxmlformats-officedocument.presentationml
                .slide+xml"/>
  <Override PartName="/slideLayout1.xml"
    ContentType="application/vnd.openxmlformats-officedocument.presentationml
                .slideLayout+xml"/>
  <Override PartName="/slideMaster1.xml"
    ContentType="application/vnd.openxmlformats-officedocument.presentationml
                .slideMaster+xml"/>
  <Override PartName="/theme1.xml"
    ContentType="application/vnd.openxmlformats-officedocument.theme+xml"/>
</Types>
```

2.3.2. ドキュメントルートの参照関係の定義

参照関係の定義もWordprocessingMLと同様でリスト2-13のとおりだ。ドキュメントルートから参照するファイルは「presentation.xml」のみだ。

リスト2-13　/_rels/.rels

```
<?xml version="1.0" encoding="UTF-8" standalone="yes"?>
<Relationships
    xmlns="http://schemas.openxmlformats.org/package/2006/relationships">
  <Relationship Id="rId1"
    Type="http://purl.oclc.org/ooxml/officeDocument/
```

```
        relationships/officeDocument"
    Target="presentation.xml"/>
</Relationships>
```

2.3.3 プレゼンテーションの定義

プレゼンテーションではスライドの管理やプレゼンテーション全体に関わる設定などを行う。このサンプルでは最小構成のためスライドとスライドのテンプレートになるスライドマスターと領域の設定を行う。内容はリスト2-14のとおりで、使用する要素の説明は表2-8のとおりだ。

リスト2-14　/presentation.xml

```
<?xml version="1.0" encoding="UTF-8" standalone="yes"?>
<p:presentation xmlns:p="http://purl.oclc.org/ooxml/presentationml/main"
    xmlns:r="http://purl.oclc.org/ooxml/officeDocument/relationships"
    conformance="strict">
  <p:sldMasterIdLst>
    <p:sldMasterId r:id="rId1"/>
  </p:sldMasterIdLst>
  <p:sldIdLst>
    <p:sldId id="256" r:id="rId2"/>
  </p:sldIdLst>
  <p:sldSz cx="12192000" cy="6858000"/>
  <p:notesSz cx="6858000" cy="9144000"/>
</p:presentation>
```

表2-8　presentation.xmlで使用する要素

要素名	説明/属性
presentation	プレゼンテーションのルート要素：名前空間にはXML Schemeでターゲット指定されている値を指定。詳細な定義は仕様書Part1の「Annex A.(normative)Schemas – W3C XML Schema」か添付の「pml.xsd」を参照 ・conformance（任意）　仕様への適合性を設定 strict：Strict版／transitional：Transitional版（デフォルト）
sldMasterIdLst	スライドマスターのリスト（List of Slide Master IDs）：配下にsldMasterId要素を配置してプレゼンテーションで使用するスライドマスターへの参照を定義
sldMasterId	スライドマスターのid（Slide Master ID）：参照定義ファイルを通じてスライドマスターの実体（ファイル）を取得するためのid ・r:id（必須）　このidは参照関係の定義に影響するため、属性の名前空間は次のようになる http://purl.oclc.org/ooxml/officeDocument/relationships
sldIdLst	スライドのリスト（List of Slide IDs）：配下にsldId要素を定義してプレゼンテーションで使用するスライドへの参照を定義
sldId	スライドのid（Slide ID）：参照定義ファイルを通じてスライドの実体（ファイル）を取得するためのid ・id（必須）　プレゼンテーション内で一意になる値を設定 ・r:id（任意）　スライドを参照するid。このidは参照関係の定義に影響するため、属性の名前空間は次のようになる http://purl.oclc.org/ooxml/officeDocument/relationships
sldSz	スライドサイズ：スライドの背景サイズを指定 ・cx（必須）　横幅を設定。単位はEMU（English Metric Units）　1(EMU) = 1/360000(cm) ・cy（必須）　高さを設定。単位はEMU
notesSz	ノートサイズ：印刷時にレイアウトで配付資料を選択したときの用紙サイズを指定 ・cx（必須）　横幅を設定。単位はEMU ・cy（必須）　高さを設定。単位はEMU

2.3.3.1. 必須要素

スライドが1枚もないプレゼンテーションの場合、sldMasterIdLst要素とsldIdLst要素とsldSz要素は省略できる。ただし、notesSz要素は省略できない。これはXML Scheme（pml.xsd）で定義されており、リスト2-15のようにpresentation要素の配下に使用できる要素とそれらの数が設定されている。

リスト2-15　presentation要素のスキーマ定義（抜粋）

```
<xsd:complexType name="CT_Presentation">
  <xsd:sequence>
    <xsd:element name="sldMasterIdLst" type="CT_SlideMasterIdList"
                 minOccurs="0" maxOccurs="1"/>
    <xsd:element name="sldIdLst" type="CT_SlideIdList"
                 minOccurs="0" maxOccurs="1"/>
    <xsd:element name="sldSz" type="CT_SlideSize"
                 minOccurs="0" maxOccurs="1"/>
    <xsd:element name="notesSz" type="a:CT_PositiveSize2D"
```

```
                  minOccurs="1" maxOccurs="1"/>
  </xsd:sequence>
</xsd:complexType>
```

XML Schemeの詳細な解説は別途調べてほしいが、概要としてはpresentation要素（データ構造）はCT_Presentationという名前でcomplexType要素によって定義される。そして、子要素のsequence要素の配下に定義された（リスト2-15では）4つの要素がpresentationの配下で使用できる。しかも、登場順を上からに強制する。配下で使用できる4つの要素にはそれぞれminOccurs属性とmaxOccurs属性が設定される。これが、必須か否かを決める。minOccurs属性が「0」のものは結果的に省略可能で「1」のものは1個以上必要となり必須となる。

2.3.3.2. スライドとスライドマスター

プレゼンテーションにスライドを1枚でも含める場合はプレゼンテーション全体でスライドのテンプレートとなるスライドマスターが必要になる。図2-6の画面で編集できる内容だ（リボンの表示→スライドマスターと選択）。

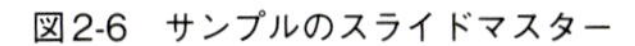

図2-6　サンプルのスライドマスター

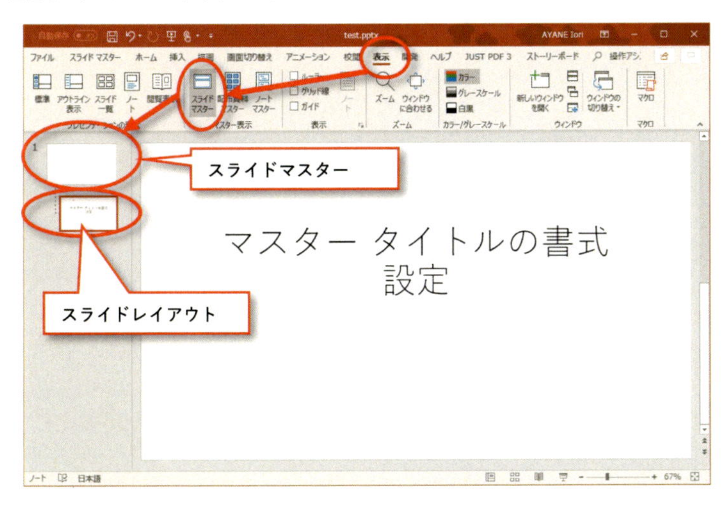

実際にはスライドマスターだけでなく、そこから派生して作成されるスライドレイアウトも必要になる。スライドレイアウトはスライドの目的に応じたテンプレートだ。図2-6では、タイトル用の書式設定がされたスライドレイアウトが確認できる。

スライドはスライドレイアウトから作成され、スライドマスターから直接作成しない。このことから、スライドを1枚でも作るとスライド関連のファイルとしてスライドマスターとスライドレイアウトがセットで増える。このサンプルでは図2-6のようにひとつ目のスライドレイアウトをタイトルページ風に仕立てているが、まっさらにしてしまうことも可能だ。何かのツールで自動的に出力するのであれば、選択肢のひとつとなる。

スライドとスライドマスターとスライドレイアウトの関係を図2-7に示す。

図2-7 スライドとスライドマスターとスライドレイアウトの関係

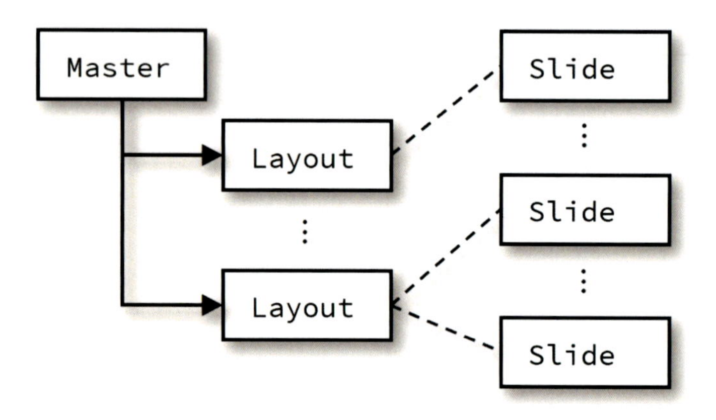

C++などオブジェクト指向におけるクラスに見立てるとイメージがしやすいかもしれない。

- スライドマスター：基底クラス
- スライドレイアウト：派生クラス
- スライド：派生クラスのインスタンス

2.3.3.3. ノートサイズ

notesSz要素で設定しているサイズは、図2-8の印刷画面で丸印のところで印刷レイアウトから配付資料を選択したときの用紙サイズのことだ。

図2-8 ノートサイズの反映先

2.3.4. プレゼンテーションの参照関係の定義

プレゼンテーションからの参照定義はリスト2-16のように定義する。

リスト2-16　/_rels/presentation.xml.rels

```
<?xml version="1.0" encoding="UTF-8" standalone="yes"?>
<Relationships
   xmlns="http://schemas.openxmlformats.org/package/2006/relationships">
  <Relationship Id="rId1"
   Type="http://purl.oclc.org/ooxml/officeDocument/relationships/slideMaster"
   Target="slideMaster1.xml"/>
  <Relationship Id="rId2"
   Type="http://purl.oclc.org/ooxml/officeDocument/relationships/slide"
   Target="slide1.xml"/>
</Relationships>
```

プレゼンテーションからは、スライド（slide1.xml）とスライドマスター（slideMaster1.xml）への参照を設定する。それぞれidで明示的な参照として利用される。スライドレイアウトはスライドやスライドマスターから参照されるため、ここには登場しない。

2.3.5. スライドの定義

スライドにはWordprocessingMLのような本文やSpreadsheetMLのようなセルはなく最初から図形を配置していく。具体的にはリスト2-17のとおりで、使用する要素の説明は表2-9のとおりだ。なお、スキーマ定義で必須になっているために登場しているが、子要素も属性もない要素は省略する。

リスト2-17　/slide1.xml

```
<?xml version="1.0" encoding="UTF-8" standalone="yes"?>
<p:sld xmlns:p="http://purl.oclc.org/ooxml/presentationml/main"
    xmlns:a="http://purl.oclc.org/ooxml/drawingml/main">
  <p:cSld>
    <p:spTree>
      <p:nvGrpSpPr>
        <p:cNvPr id="1" name=""/>
        <p:cNvGrpSpPr/>
        <p:nvPr/>
      </p:nvGrpSpPr>
      <p:grpSpPr/>
      <p:sp>
        <p:nvSpPr>
          <p:cNvPr id="2" name="タイトル 1"/>
          <p:cNvSpPr/>
          <p:nvPr>
            <p:ph type="ctrTitle"/>
          </p:nvPr>
        </p:nvSpPr>
```

```
        <p:spPr/>
        <p:txBody>
          <a:bodyPr/>
          <a:p>
            <a:r>
              <a:t>Hello World!</a:t>
            </a:r>
          </a:p>
        </p:txBody>
      </p:sp>
    </p:spTree>
  </p:cSld>
</p:sld>
```

表2-9　slide1.xmlで使用する要素

要素名	説明/属性
sld	スライドのルート要素：名前空間にはXML Schemeでターゲット指定されている値を指定。詳細な定義は仕様書Part1の「Annex A.(normative)Schemas – W3C XML Schema」か添付の「pml.xsd」を参照
cSld	共通スライドデータ（Common Slide Data）：スライド関連（レイアウトやマスターなど）の要素で共通で使用されるコンテナ
spTree	図形ツリー（Shape Tree）：スライドに配置する図形を配下に定義。図形自身や図形をグループ化する要素などを含む
nvGrpSpPr	グループ図形用非視覚的プロパティー（Non-Visual Properties for a Group Shape）：spTree要素配下に定義されるグループ図形の視覚に影響しないプロパティーをとりまとめる
cNvPr	非視覚的描画プロパティー（Non-Visual Drawing Properties）：キャンバスの視覚に影響しないプロパティーを設定。写真などの外観に影響しない設定を保存可能 ・id（必須）　スライドなどの中で図形を一意に特定できる値。同一XMLファイル内で重複しなければ良い。基本的にspTree要素の子供単位で指定するイメージ ・name（必須）「オブジェクトの選択と表示」（つまり図形一覧）で表示される名称。属性は必須だが空の文字列でもNGではない
sp	図形（Shape）：単体の図形を定義。spTree要素の配下やグループ化用の要素の配下で使用される
nvSpPr	図形用非視覚的プロパティー（Non-Visual Properties for a Shape）：図形の視覚に影響しないプロパティーを設定。図形を特定するidを設定するcNvPr要素もこの配下
nvPr	非視覚的プロパティー（Non-Visual Properties）：視覚に影響しないプロパティーを設定。図形に関連付けられたマルチメディアコンテンツや図形を様々なコンテキストで表示する方法を設定
ph	仮領域の図形（Placeholder Shape）：文字列入力前の仮の領域として図形が表示されるように設定 ・type（任意）　仮領域のタイプを設定。この値をもってスライドレイアウトで定義されている図形と関連付けをする。ST_PlaceholderTypeで定義される次の値が設定可能（抜粋） body：本文 ctrTitle：中心配置のタイトル ftr：フッター hdr：ヘッダー obj：任意のオブジェクト（デフォルト） pic：画像 title：タイトル（本文ページ用） ・idx（任意）　プレースホルダーのIDを設定。type属性で関連付けできないような図形に使用
txBody	本文（Shape Text Body）：図形に含まれる文字列に関連する情報を定義。プロパティーや複数の段落を含む。要素の定義はPresentationMLにもあるが実体はDrawingMLにある
p （DrawingML）	段落（Text Paragraphs）：図形用の段落定義。WordprocessingMLとは明確に分かれている。関連情報は「21. DrawingML - Components Reference Material」を参照
r （DrawingML）	ラン（Text Run）：図形用の段落を分割する要素。書式を設定したい単位で分割。WordprocessingMLと同様でp要素の配下に複数定義できる
t （DrawingML）	文字列（Text String）：図形用の文字列定義。WordprocessingMLと同様でr要素の配下に複数定義できる

2.3.5.1. 図形の定義タイミング

図形はスライドの作成時にスライドレイアウトからコピーされる。その状態を初期状態としてユーザーが図形を追加配置していく。PowerPointでスライドを作成するとき、大抵の場合はテンプレート（スライドレイアウト）を選択し、タイトル用であったり本文用であったりの仮領域が用意されたスライドを編集するはずだ。その流れをイメージしてもらえば問題ない。

2.3.5.2. 図形のzオーダーとタブオーダー

図形の重なりは、spTree要素の配下に登場する順番に後ろから前となる。つまり、XMLファイルを上から順番に読み込みながら描画すると自然に意図どおりの結果となる。

タブオーダーも同様の順番である。

2.3.5.3. スライドレイアウトの関連付け

スライドのXMLファイル内で明示的なスライドレイアウトの参照はない。「2.3.6 スライドの参照関係の定義」で解説する参照定義ファイルの内容で関連付けが行われている。ひとつのスライドからは必ずひとつのスライドレイアウトを参照するためだ。

2.3.5.4. 不足する情報について

リスト2-16で登場するsp要素には「Hello World!」の文字列はあるが、座標らしきものがないことに気づくだろう。ところで、パワーポイントのデザインでテーマを選択したことがあるだろうか。図2-9は標準状態と適当なテーマを選択した状態の比較だ。

図2-9　テーマ選択

背景が変更されるのも気になるところだが、タイトルやサブタイトルの位置も変更されている。これが、スライドのXMLファイルで座標を直に設定しない理由だ。タイトルページやコンテンツページごとにスライドレイアウトを定義し、そのレイアウト情報を上手に参照することでテーマの切り替えによる見た目の変更も容易に行えるようになる。

位置情報に限らずスライドで定義しなかった情報はスライドレイアウト→スライドマスターの順番に参照して不足した情報を補って見た目を作成する。

2.3.5.5. スライドの図形とスライドレイアウトの図形の関連付け

スライドで不足している情報はスライドレイアウトやスライドマスターから取得すると解説したが、スライドのどの図形とスライドレイアウトのどの図形が関連付けされているかを示す情報が必要になる。そこで、ph要素を使用する。表2-9ではtype属性に設定できる値（ST_PlaceholderType）は抜粋だったが、表2-10がすべてとなる。

表2-10　ST_PlaceholderTypeの定義値と配置可能パーツ

名前	値	スライド	スライドマスター	スライドレイアウト	ノート	ノートマスター	配布資料マスター
Body	body	○	○	○	○	○	
Chart	chart	○		○			
Clip Art	clipArt	○		○			
Centered Title	ctrTitle	○		○			
Diagram	dgm	○		○			
Date and Time	dt	○	○	○	○	○	○
Footer	ftr	○	○	○	○	○	○
Header	hdr				○	○	○
Media	media	○		○			
Object	obj	○		○			
Picture	pic	○		○			
Slide Image	sldImg				○	○	
Slide Number	sldNum	○	○	○	○	○	○
Subtitle	subTitle	○		○			
Table	tbl	○		○			
Title	title	○	○	○			

すべての値を好きな場所で使用できるわけではない。意外とスライドマスターに○がついていないことに気づくだろう。例えば、ctrTitle値は使用できないことになっている。これは、すべてのスライドの元になるレイアウトに中央表示のタイトルは相応しくない、という判断での仕様決定なのだろう。実際、使いづらいと思われる。

2.3.6. スライドの参照関係の定義

スライドからの参照定義はリスト2-18のように定義する。

リスト2-18　/_rels/slide1.xml.rels

```
<?xml version="1.0" encoding="UTF-8" standalone="yes"?>
<Relationships
   xmlns="http://schemas.openxmlformats.org/package/2006/relationships">
  <Relationship
   Id="rId1"
   Type="http://purl.oclc.org/ooxml/officeDocument/relationships/slideLayout"
   Target="slideLayout1.xml"/>
</Relationships>
```

このサンプルのスライドからは、スライドレイアウト（slideLayout1.xml）のみを参照する。スライドレイアウトへの参照は暗黙的に行われるためid属性は結果的に使用しない。属性として必須のため設定しているだけだ。スライドレイアウトへの参照はType属性の一致を持って該当する

Relationship要素を探してTarget属性のファイルを参照する。

2.3.7. スライドレイアウトの定義

スライドレイアウトにはスライドのテンプレートとなる内容を定義する。具体的にはリスト2-19のとおりで、使用する要素の説明は表2-11になる。なお、スライドで既出のものと、スキーマ定義で必須になっていても属性などの設定がないものは省略する。また、スライド（リスト2-17）と大きく変わった部分を強調表示する。

リスト2-19　/slideLayout1.xml

```
<?xml version="1.0" encoding="UTF-8" standalone="yes"?>
<p:sldLayout xmlns:p="http://purl.oclc.org/ooxml/presentationml/main"
    xmlns:a="http://purl.oclc.org/ooxml/drawingml/main"
    type="title" preserve="1">
  <p:cSld name="タイトル スライド">
    <p:spTree>
      <p:nvGrpSpPr>
        <p:cNvPr id="1" name=""/>
        <p:cNvGrpSpPr/>
        <p:nvPr/>
      </p:nvGrpSpPr>
      <p:grpSpPr/>
      <p:sp>
        <p:nvSpPr>
          <p:cNvPr id="2" name="タイトル 1"/>
          <p:cNvSpPr/>
          <p:nvPr>
            <p:ph type="ctrTitle"/>
          </p:nvPr>
        </p:nvSpPr>
        <p:spPr>
          <a:xfrm>
            <a:off x="1524000" y="1122363"/>
            <a:ext cx="9144000" cy="2387600"/>
          </a:xfrm>
        </p:spPr>
        <p:txBody>
          <a:bodyPr anchor="b"/>
          <a:lstStyle>
            <a:lvl1pPr algn="ctr">
              <a:defRPr sz="6000">
                <a:solidFill>
```

```
              <a:srgbClr val="0000FF"/>
            </a:solidFill>
          </a:defRPr>
        </a:lvl1pPr>
      </a:lstStyle>
      <a:p>
        <a:r>
          <a:t>マスター タイトルの書式設定</a:t>
        </a:r>
      </a:p>
    </p:txBody>
  </p:sp>
 </p:spTree>
</p:cSld>
</p:sldLayout>
```

表2-11-1　slideLayout1.xmlで使用する要素(1)

<table>
<tr><th>要素名</th><th>説明/属性</th></tr>
<tr><td>sldLayout</td><td>スライドレイアウトのルート要素：名前空間にはXML Schemeでターゲット指定されている値を指定。詳細な定義は仕様書Part1の「Annex A.(normative)Schemas – W3C XML Schema」か添付の「pml.xsd」を参照
・type（任意）　スライドレイアウトの型を指定。ST_SlideLayoutTypeで定義される次の値を設定（抜粋）
blank：空のレイアウト
chart：タイトルとグラフのレイアウト
cust：ユーザー定義のカスタムのレイアウト（デフォルト）
title：プレゼンテーションのタイトルのレイアウト
twoColTx：タイトルと2段組のレイアウト
tx：タイトルと本文の基本レイアウト
仕様書Part1「19.7.15 ST_SlideLayoutType (Slide Layout Type)」を参照すると各型の見た目の図を確認できる
・preserve（任意）　該当スライドレイアウトに関連付けられている（使用している）スライドをすべて削除したときにスライドレイアウトを残すかを設定。つまり、スライドに連動してスライドレイアウトまで削除するかを決定する
0：残さない（デフォルト）／1：残す</td></tr>
<tr><td>cSld</td><td>共通スライドデータ（Common Slide Data）：スライド関連（レイアウトやマスターなど）の要素で共通で使用されるコンテナ
・name（任意）　スライドを識別するための名前。スライドを新規作成するときなどに表示されるスライドレイアウトの名称</td></tr>
<tr><td>spPr</td><td>図形プロパティー（Shape Properties）：図形に視覚的に影響するプロパティーを設定。塗り、アウトライン、位置情報などを含む</td></tr>
<tr><td>xfrm
（DrawingML）</td><td>2D変形（2D Transform for Individual Objects）：要素の変形についての設定。属性でフリップと回転、子要素で移動と拡縮が可能
・flipH（任意）　横方向に反転
0:そのまま（デフォルト）／1:反転
・flipV（任意）　縦方向に反転
0:そのまま（デフォルト）／1:反転
・rot（任意）　回転。設定する値はST_Angleで定義される1/60000(deg)の値。つまり、時計回りで90（deg）回転する場合は、5400000を設定
正の整数：時計回り／負の整数：反時計回り</td></tr>
<tr><td>off
（DrawingML）</td><td>オフセット（Offset）：図形の左上の位置を設定
・x（必須）　x座標方向の値。EMU値かST_UniversalMeasureで定義された単位付きの値が設定可能。
単位付きのときの書式：-?[0-9]+(\.[0-9]+)?(mm|cm|in|pt|pc|pi)
・y（必須）　y座標方向の値。設定できる値はxと同様</td></tr>
<tr><td>ext
（DrawingML）</td><td>サイズ（Extents）：図形の領域を示す長方形のサイズを設定。拡大縮小されている場合はその結果の値を設定
・cx（必須）　幅。EMU値を設定
・cy（必須）　高さ。EMU値を設定</td></tr>
<tr><td>bodyPr</td><td>本文プロパティー（Body Properties）：図形に設定された文字列（txBody要素）のプロパティーを設定。文字列の配置やパディングなどが属性で設定可能
・anchor（任意）　図形内での文字列の位置を設定。ST_TextAnchoringTypeで定義された次の値が設定可能（抜粋）
b（Bottom）：下合わせ／ctr（Center）：上下中央合わせ／t（Top）：上合わせ（デフォルト）</td></tr>
</table>

表2-11-2　slideLayout1.xmlで使用する要素(2)

要素名	説明/属性
lstStyle （DrawingML）	文字列スタイル（Text List Styles）：文字列用のスタイルを配下のlvl1pPr～lvl9pPr要素を用いて設定。設定は低い方から継承され、同じ項目はより後に設定されたもので上書きされる。pPr要素のlvl属性の値に対応
lvl1pPr （DrawingML）	レベル1文字列プロパティー（List Level 1 Text Style）：インデントレベルが1の文字列に対するスタイル ・algn（任意）　文字列の配置を設定。ST_TextAlignTypeで定義された値が設定可能（抜粋） ctr（Center）：中央寄せ／l（Left）：左寄せ（デフォルト）／r（right）：右寄せ
defRPr （DrawingML）	デフォルトランプロパティー（Default Text Run Properties）：ランレベルの文字列に対するプロパティーを設定 ・sz（任意）　フォントサイズを設定。ST_TextFontSizeで定義される1/100（pt）の値が設定可能。つまり、10ptなら1000を設定。値の範囲は100～40000
solidFill （DrawingML）	べた塗り（Solid Fill）：対象を塗りつぶす設定。配下にいくつかの色指定要素を選択して定義が可能
srgbClr （DrawingML）	RGB色（RGB Color Model）：RGBで色を設定 ・val（必須）　RGBカラーを16進数で設定

2.3.7.1. 文字列のプロパティーの設定方法

図形内の文字列に対する書式設定はリスト2-19のデータ構造（次の強調表示の要素）がお約束となる。

```
<p:txBody>
  <a:bodyPr anchor="b"/>
  <a:lstStyle>
    <a:lvl1pPr algn="ctr">
      <a:defRPr sz="6000">
        <a:solidFill>
          <a:srgbClr val="0000FF"/>
        </a:solidFill>
      </a:defRPr>
    </a:lvl1pPr>
  </a:lstStyle>
  <a:p>
    <a:r>
      <a:t>マスター タイトルの書式設定</a:t>
    </a:r>
  </a:p>
</p:txBody>
```

まず、txtBody要素全体に対するプロパティーとしてbodyPr要素は良いだろう。そして、文字列に対するスタイルを定義するlstStyle要素だ。その配下で文字列のインデントレベルごとに書式を設定するためにlvl1pPr〜lvl9pPr要素を使用する。箇条書きになっていても、なっていなくても同じように扱われる。また、インデントレベルはp要素のlvl属性によって行われる。このサンプルでは、lvl属性を省略しレベル1扱いとしている。また、lvl1pPr要素では段落に対する設定しか行えないため、defRPr要素を使用してランに対する設定を行う。

ちなみに、p要素やr要素の配下で設定したくなるが、ほぼスライドレイアウトの編集モードでしか効果（見た目）を発揮しないため、あまり意味はない。

2.3.8. スライドレイアウトの参照関係の定義

スライドレイアウトからの参照定義はリスト2-20のように定義する。

リスト2-20　/_rels/slideLayout1.xml.rels

```
<?xml version="1.0" encoding="UTF-8" standalone="yes"?>
<Relationships
    xmlns="http://schemas.openxmlformats.org/package/2006/relationships">
  <Relationship
   Id="rId1"
   Type="http://purl.oclc.org/ooxml/officeDocument/relationships/slideMaster"
   Target="slideMaster1.xml"/>
</Relationships>
```

このスライドレイアウトからは、スライドマスター（slideMaster1.xml）への参照のみとなる。スライドマスターへの参照は暗黙的に行われるためid属性は結果的に使用しない。スライドマスターへの参照はType属性の一致を持って該当するRelationship要素を探してTarget属性のファイルを参照する。

2.3.9. スライドマスターの定義

スライドマスターにはスライドレイアウトの親として基本となるレイアウトや書式を定義する。具体的にはリスト2-21のとおりで、使用する要素の説明は表2-12になる。なお、スライドとスライドレイアウトで既出のものと、スキーマ定義で必須になっていても属性などの設定がないものは省略する。また、スライドレイアウト（リスト2-19）と変化した部分を強調表示する。

リスト2-21　/slideMaster1.xml

```
<?xml version="1.0" encoding="UTF-8" standalone="yes"?>
<p:sldMaster xmlns:p="http://purl.oclc.org/ooxml/presentationml/main"
    xmlns:a="http://purl.oclc.org/ooxml/drawingml/main"
    xmlns:r="http://purl.oclc.org/ooxml/officeDocument/relationships">
  <p:cSld>
    <p:bg>
      <p:bgRef idx="1001">
        <a:schemeClr val="bg1"/>
```

```
      </p:bgRef>
    </p:bg>
    <p:spTree>
      <p:nvGrpSpPr>
        <p:cNvPr id="1" name=""/>
        <p:cNvGrpSpPr/>
        <p:nvPr/>
      </p:nvGrpSpPr>
      <p:grpSpPr/>
    </p:spTree>
  </p:cSld>
  <p:clrMap bg1="lt1" tx1="dk1" bg2="lt2" tx2="dk2"
      accent1="accent1" accent2="accent2" accent3="accent3"
      accent4="accent4" accent5="accent5" accent6="accent6"
      hlink="hlink" folHlink="folHlink"/>
  <p:sldLayoutIdLst>
    <p:sldLayoutId id="2147483649" r:id="rId1"/>
  </p:sldLayoutIdLst>
</p:sldMaster>
```

表2-12-1　slideMaster1.xmlで使用する要素(1)

要素名	説明/属性
sldMaster	スライドマスターのルート要素：名前空間にはXML Schemeでターゲット指定されている値を指定。詳細な定義は仕様書Part1の「Annex A.(normative)Schemas – W3C XML Schema」か添付の「pml.xsd」を参照
bg	背景（Slide Background）：背景の描画についての設定を配下で行う
bgRef	背景スタイルの参照（Background Style Reference）：背景の塗りつぶし方法などをテーマ（後述）の定義内から取得するためのインデックスを設定 ・idx（必須）　テーマ内で定義されるfmtScheme要素の配下に塗りつぶしに関連する定義があり、それを参照するためのインデックスを指定。値には次の意味がある 0, 1000：背景無し 1〜999：fillStyleLst要素の子要素のインデックス 1001〜：bgFillStyleLst要素の子要素のインデックス（ただし、1001は1番目のことを示す）
schemeClr（DrawingML）	スキーマ定義色（Preset Color）：予め定義された色を設定 ・val（必須）　テーマで定義された色を選択するためにclrMap要素の属性を選択する設定。次のST_SchemeColorValで定義された属性名を設定（抜粋） accent1：アクセント1 accent2：アクセント2 accent3：アクセント3 accent4：アクセント4 accent5：アクセント5 accent6：アクセント6 bg1：背景1 bg2：背景2 folHlink：アクセスしてハイパーリンク hlink：ハイパーリンク tx1：文字列1 tx2：文字列2

表2-12-2　slideMaster1.xmlで使用する要素(2)

要素名	説明/属性
clrMap	色スキーママッピング（Color Scheme Map）：テーマファイル内のclrScheme要素の配下で定義されている色についての要素名を選択するための定義。テーマの色を選択したい要素はこの要素の属性名を設定して使用。 ―――――――――― bg1（必須） 背景1で使用するテーマの色を選択するための設定。次のST_ColorSchemeIndexで定義される値が設定可能。具体的な色はテーマ次第 accent1：アクセント1の色 accent2：アクセント2の色 accent3：アクセント3の色 accent4：アクセント4の色 accent5：アクセント5の色 accent6：アクセント6の色 dk1：暗い色1 dk2：暗い色2 folHlink：アクセスしたハイパーリンクの色 hlink：ハイパーリンクの色 lt1：明るい色1 lt2：明るい色2 ・bg2（必須）　背景2で使用するテーマの色を選択するための設定。設定可能な値はbg1属性と同様 ・tx1（必須）　文字列1で使用するテーマの色を選択するための設定。設定可能な値はbg1属性と同様 ・tx2（必須）　文字列2で使用するテーマの色を選択するための設定。設定可能な値はbg1属性と同様 ・accent1（必須）　アクセント1で使用するテーマの色を選択するための設定。設定可能な値はbg1属性と同様 ・accent2（必須）　アクセント2で使用するテーマの色を選択するための設定。設定可能な値はbg1属性と同様 ・accent3（必須）　アクセント3で使用するテーマの色を選択するための設定。設定可能な値はbg1属性と同様 ・accent4（必須）　アクセント4で使用するテーマの色を選択するための設定。設定可能な値はbg1属性と同様 ・accent5（必須）　アクセント5で使用するテーマの色を選択するための設定。設定可能な値はbg1属性と同様 ・accent6（必須）　アクセント6で使用するテーマの色を選択するための設定。設定可能な値はbg1属性と同様 ・hlink（必須）　ハイパーリンクで使用するテーマの色を選択するための設定。設定可能な値はbg1属性と同様 ・folHlink（必須）　ハイパーリンクで使用するテーマの色を選択するための設定。設定可能な値はbg1属性と同様
sldLayoutIdLst	スライドレイアウト一覧（List of Slide Layouts）：関連付いているスライドレイアウトの一覧。つまり、子供になっているスライドレイアウト
sldLayoutId	スライドレイアウトID（Slide Layout Id）：スライドレイアウトのidを設定 ・id（必須）　プレゼンテーション内で一意なIdを設定 ・r:id（必須）　スライドレイアウトのファイルを参照するためのId

2.3.9.1. 背景設定

背景自体は特別なものではないが、これまでスライドとスライドレイアウトとみてきて初めての登場となる。個別のスライドにも設定がなく、スライドレイアウトにも設定がない。よってスライドマスターの背景設定が採用されることになる。

2.3.9.2. テーマの参照

テーマの実体はDrawingMLで定義されておりOOXMLで共通となっている。つまり、MS Officeのどのファイルを開いても基本的なデータ構造は共通ということだ。だが、テーマ内で定義される色や塗り方などを参照する方法（たどり方）がWordprocessingMLとSpreadsheetMLとPresentationMLで少しずつ異なる。それぞれのML内での参照用の名前をテーマ用の名前に変換するためのマッピングをするための要素があり、PresentationMLではスライドマスターに定義されるclrMap要素となる。

詳細は「5.2テーマ」で解説する。

2.3.9.3. スライドレイアウトの管理

スライドマスターとスライドレイアウトとスライドの参照関係は、二通りある。図2-10における右から左のスライドを軸にした参照と、左から右のスライドマスターを軸にした参照だ。前者は描画処理に直結する流れ、後者はスライドマスターの管理画面などで親子関係を逆引きできるようにしている流れだ。

図2-10　スライドとスライドマスターとスライドレイアウトの関係

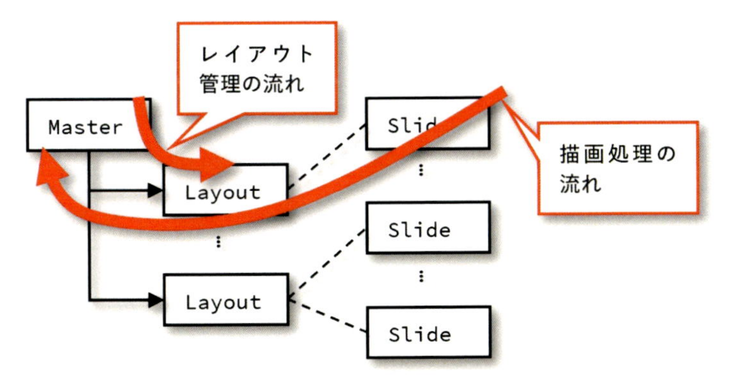

2.3.10. スライドマスターの参照関係の定義

スライドマスターからの参照定義はリスト2-22のように定義する。

リスト2-22　/_rels/slideMaster1.xml.rels

```
<?xml version="1.0" encoding="UTF-8" standalone="yes"?>
<Relationships
    xmlns="http://schemas.openxmlformats.org/package/2006/relationships">
  <Relationship
   Id="rId1"
   Type="http://purl.oclc.org/ooxml/officeDocument/relationships/slideLayout"
```

```
    Target="slideLayout1.xml"/>
  <Relationship
    Id="rId12"
    Type="http://purl.oclc.org/ooxml/officeDocument/relationships/theme"
    Target="theme1.xml"/>
</Relationships>
```

このスライドマスターからは、スライドレイアウト（slideLayout1.xml）とテーマ（theme1.xml）への参照を定義する。どちらへの参照も暗黙的に行われるためid属性は結果的に使用しない。属性として必須のため設定しているだけだ。それぞれへの参照はType属性の一致を持って該当するRelationship要素を探してTarget属性のファイルを参照する。

ちなみに、スライドマスターではsldMaster要素の配下にclrMap要素が必須になっているため、テーマへの参照が必須となっている。

2.3.11. テーマの定義

テーマについては「5.2テーマ」で解説する。

2.3.12. 仕上げ

WordprocessingMLと同様に[Content_Types].xmlがZIPファイルのルートフォルダーに配置されるように圧縮する。

圧縮後は、拡張子をpptxに変更して実際にPowerPointで開いて確認してみよう。

第3章 基本構造

本章では、OOXMLで扱うデータ構造について基本的なことを解説する。最初にワープロやスプレッドシートが情報をどのような形で扱っているのかを解説し、それらの情報がどのようなファイル構成で作られているかを紹介する。

3.1 構成パーツと関係性

OOXMLを構成するパーツについてドキュメント（docxやxlsxやpptx）の種類毎に解説する。

いわゆるMS Officeで扱える情報をどのような単位で切り分けて管理しているかの参考にしてほしい。また、それぞれのパーツの参照関係も重要になってくる。あり得ない参照関係を作り込まないようにするためにもしっかりと確認したいところだ。

ここで登場するパーツはドキュメントにパッケージングされるファイル（主にXML）と紐付いており、結果的に何がどのような単位で分割しているかを示している。

3.1.1. WordprocessingMLの構成パーツ

WordprocessingMLとしての構成パーツを表3-1にまとめる。共通な構成パーツは「3.1.5.共通の構成パーツ」のとおりだ。

表3-1 WordprocessingMLのときの構成パーツ

パーツ	参照元パーツ	説明
Alternative Format Import	Comments Endnotes Footer Footnotes Header Main Document	代替えフォーマットのインポート：他のフォーマットで記述された情報を埋め込むためのパーツ。altChunk要素を使用して本文からの参照を示す。一度読み込んだらWordprocessingMLに変換のち削除される。テキストやHTMLで埋め込む
Comments	Glossary Document Main Document	コメント：リボンの「校閲→コメント」で扱うコメントの内容
Document Settings	Glossary Document Main Document	ドキュメント設定：ズームや図形の基本設定などを定義。ドキュメントテンプレートなど。つまり、ドキュメントを扱うアプリケーションが使用する設定であり、ドキュメント自体には直接関係しない。
Endnotes	Glossary Document Main Document	文末脚注：ドキュメントの最後にまとめて表示される脚注文章。ドキュメント内のすべての文末脚注を含む
Font Table	Glossary Document Main Document	フォント一覧：ドキュメントを扱う環境にないフォントが指定されているときに描画などで使用する情報
Footer	Glossary Document Main Document	フッター：次の3種類がある ・通常ページ用（奇数ページ兼用） ・偶数ページ用 ・最初のページ用 フッター自体はセクション毎に設定できるので全体としては3つ以上になる
Footnotes	Glossary Document Main Document	脚注：ページ毎に表示される脚注文章。ドキュメント内すべての脚注文章を含む
Glossary Document	Main Document	定型句ドキュメント：リボンの「挿入→クイックパーツ→定型句」で追加できる単語を管理するためのパーツ MS OfficeからではWordテンプレート（*.dotx）にしか作成できない
Header	Glossary Document Main Document	ヘッダー：次の3種類がある ・通常ページ用（奇数ページ兼用） ・偶数ページ用 ・最初のページ用 ヘッダー自体はセクション毎に設定できるので全体としては3つ以上になる
Main Document	次のパッケージ WordprocessingML	本文：ユーザーが打ち込む文章は基本的にここにすべて記述される。文章設定やヘッダーなど再利用性が求められる内容が別パーツとなり、ここから参照される
Numbering Definitions	Glossary Document Main Document	段落番号書式の定義：段落番号（つまり、序数付きの箇条書き）の書式設定を定義
Style Definitions	Glossary Document Main Document	スタイルの定義：ドキュメント内で使用するスタイルの設定を定義
Web Settings	Glossary Document Main Document	Web設定：Web出力に関連する定義

3.1.2. SpreadsheetMLの構成パーツ

SpreadsheetMLとしての構成パーツを表3-2にまとめる。共通な構成パーツは「3.1.5.共通の構成パーツ」のとおりだ。

表3-2-1 SpreadsheetMLのときの構成パーツ(1)

パーツ	参照元パーツ	説明
Calculation Chain	Workbook	ワークブック全体で使用されている計算式の参照関係を定義
Chartsheet	Workbook	グラフシート：グラフだけを独立させたシート
Comments	Dialogsheet Worksheet	コメント：シート単位でセルに対して設定するコメント（注1）
Connections	Workbook	コネクション：外部ファイルとの参照定義を定義。XMLソースでインポートするファイルへの参照など
Custom Property	Workbook	カスタムプロパティー：ユーザーカスタムの設定を埋め込む。互換性のためXMLにすることが推奨されている。ユーザーカスタムのため内部の構造についての定義はない
Custom XML Mappings	Workbook	カスタムXMLマッピング（XMLの対応付け）：XMLで定義されたデータを表形式に変換して読み込むための定義。内容としてはXML Scheme 実際には「シート→テーブル→カスタムXMLマッピング→コネクション→XMLファイル」と辿ることになる
Dialogsheet	Workbook	ダイアログシート：従来のExcelで使用していたダイアログ作成用のパーツ
Drawings	Chartsheet Worksheet	描画：図形やグラフなど描画情報を定義。シートの中に直接は記述されない
External Workbook References	Workbook	外部ワークブック参照：計算式などで他のワークブックを参照したときの参照先情報（シートやセルの内容）
Metadata	Workbook	メタデータ：オンライン分析処理（OLAP）の情報を定義
Pivot Table	Worksheet	ピボットテーブル：ピボットテーブルについての情報を定義
Pivot Table Cache Definition	Pivot Table Workbook	ピボットテーブルキャッシュ：ピボットテーブルの計算結果に関する定義。行タイトルも含む
Pivot Table Cache Records	Pivot Table Cache Definition	ピボットテーブルキャッシュレコード：ピボットテーブルの計算に必要なデータをキャッシュ
Query Table	Worksheet	クエリーテーブル：外部データの参照定義や外部データが更新されたときに使用される情報を定義

表3-2-2 SpreadsheetMLのときの構成パーツ(2)

パーツ	参照元パーツ	説明
Query Table	Worksheet	クエリーテーブル：外部データの参照定義や外部データが更新されたときに使用される情報を定義
Shared String Table	Workbook	共有文字列表：ワークブック全体に登場する文字列を一元管理。Excelの出力は一意になっている
Shared Workbook Revision Headers	Workbook	共有ワークブックのリビジョンヘッダー：ワークブックを共有して変更履歴を残す設定にしているときにリビジョンログを管理（注2）
Shared Workbook Revision Log	Shared Workbook Revision Headers	共有ワークブックのリビジョンログ：リビジョン単位の変更記録を保存。リビジョン単位でXMLファイルが増えていく
Shared Workbook User Data	Workbook	共有ワークブックのユーザー情報：編集しているユーザーの情報を定義
Single Cell Table Definitions	Dialogsheet Worksheet	シングルセルテーブル定義：カスタムXMLで複数のデータが含まれていない（つまり単一セルになる）データを表示するときの定義
Styles	Workbook	スタイル：セルの色、フォント色などを定義
Table Definition	Dialogsheet Worksheet	テーブル定義：表の構成を定義。カスタムXMLの関連付け情報などを含む場合もある
Volatile Dependencies	Workbook	揮発性依存関係：ワークブック内のリアルタイムデータ式についての関係情報 基本的に外部情報と連動するが利用できない場合、この中の情報でも計算できる
Workbook	次のパッケージ SpreadsheetML	ワークブック：Excelで扱うドキュメント全体の定義。シートの情報なども管理
Worksheet	Workbook	ワークシート：シート内のデータを管理。ファイル名の番号と見た目のシート名は連動しない

注１：Excel 2019では「メモ」に名称変更されており、「コメント」はスレッド形式で書き込みができるように進化した。パーツ名は「Threaded Comment」

注２：Excel 2019では非推奨な機能になっておりデフォルトではリボンに表示されなくなった。OneDriveを使用した共同作業が基本となる。

3.1.3. PresentationMLの構成パーツ

PresentationMLとしての構成パーツを表3-3にまとめる。共通な構成パーツは「3.1.5.共通の構成パーツ」のとおりだ。

表3-3 PresentationMLのときの構成パーツ

パーツ	参照元パーツ	説明
Comment Authors	Presentation	コメント記入者：コメントを作成したり返信したりしたユーザーの情報をまとめる
Comments	Slide	コメント：コメントの具体的な内容を記述。スライド単位で作成
Handout Master	Presentation	配付資料マスター：プレゼンテーションを印刷するときのレイアウト設定 リボンの「表示→マスター表示→配付資料マスター」で編集し、ファイルメニューの「エクスポート→配付資料の作成」で使用
Notes Master	Notes Slide Presentation	ノートマスター：表示モードを「ノート」に変更したときに使用するレイアウト設定 リボンの「表示→マスター表示→ノートマスター」で編集し、「表示→プレゼンテーションの表示→ノート」で使用
Notes Slide	Slide	ノートスライド：ノートマスターをテンプレートとして使用して作成されたノートを表示したスライド。元のスライド単位で作成
Presentation	次のパッケージ PresentationML	プレゼンテーション：PowerPointで扱うドキュメント全体の設定などを定義。スライドへの参照も含む
Presentation Properties	Presentation	プレゼンテーションプロパティー：プレゼンテーション全体のプロパティー
Slide	Presentation	スライド：プレゼンテーションの本文とも言えるスライドを扱う。1スライド1ファイル
Slide Layout	Notes Slide Presentation Slide Slide Master	スライドレイアウト：スライドのデフォルトレイアウトを定義するパーツ 基本レイアウトが同じスライドからは同じスライドレイアウトのファイルが参照される
Slide Master	Presentation Slide Layout	スライドマスター：プレゼンテーションのレイアウトの源流
Slide Synchronization Data	Slide	スライド同期データ：サーバーと同期情報を記録
User-Defined Tags	Presentation Slide	ユーザー定義タグ：オブジェクト用のユーザー定義タグ
View Properties	Presentation	ビュープロパティー：プレゼンテーションの表示設定。拡大率など

3.1.4. DrawingMLの構成パーツ

描画関連の構成パーツを表3-4にまとめる。各パーツはWordprocessingML・SpreadsheetML・PresentationMLから共通で使用されるが、親になるパーツが異なる。

表 3-4 DrawingML の構成パーツ

パーツ	参照元パーツ	説明
Chart	WordprocessingML: Main Document SpreadsheetML: Drawings PresentationML: Handout Master Notes Master Notes Slide Slide Layout Slide Master Slide All: Chart Drawing	グラフ：棒グラフや円グラフなど様々な種類を定義するパーツ
Chart Drawing	All: Chart	グラフ内描画：グラフ内に置いた図形を定義するパーツ
Diagram Colors	WordprocessingML: Main Document SpreadsheetML: Drawings PresentationML: Handout Master Notes Master Notes Slide Slide Layout Slide Master Slide	図形の色情報：図形で使用する色情報を定義
Diagram Data	同上	図形データ：図形のセマンティックデータを定義
Diagram Layout Definition	同上	図形レイアウト定義：図形関連情報がどのように図形に関連付けるかのテンプレート
Diagram Style	同上	図形スタイル：図形のセマンティックデータをドキュメントのテーマに関連付ける情報を定義
Theme	WordprocessingML: Main Document SpreadsheetML: Workbook PresentationML: Handout Master Notes Master Presentation Slide Master	テーマ：色などの定義。ドキュメントの種類によって挙動は異なる WordprocessingML:見出しなどの色やスタイル SpreadsheetML:セルやグラフなどの色やスタイル PresentationML:スライド、配付資料のフォーマット
Theme Override	PresentationML: Notes Slide Slide Slide Layout	テーマオーバーライド：オブジェクトのテーマを上書きする情報の定義
Table Styles	PresentationML: Presentation	表スタイル：表の行・列などのスタイルを定義

3.1.5. 共通の構成パーツ

他の構成パーツから使用する共通の構成パーツを表３５にまとめる。

表 3-5-1 共通の構成パーツ(1)

パーツ	参照元パーツ	説明
Additional Characteristics	次の各パーツ WordprocessingML SpreadsheetML PresentationML	追加特性：ドキュメントを作成するソフト特有の特性を定義。この情報を元にソフトの動作を変更することもできる
Audio	同上	音楽：音楽ファイルへの参照。いくつかのパーツから参照の形で設定される 特別な要素はない
Bibliography	同上	参考文献：参考文献についての情報を定義
Content	同上	コンテンツ：ドキュメント内部に埋め込むOOXMLで定義されていないものを定義。例えばSVGやMathMLなど。
Custom XML Data Storage	同上	カスタムXMLデータ：任意のXMLファイルで情報を定義。参考文献などでも使用する
Custom XML Data Storage Properties	Custom XML Data Storage	カスタムXMLデータのプロパティー：カスタムXMLデータに関連するプロパティーを定義
Digital Signature Origin	次の各パッケージ WordprocessingML SpreadsheetML PresentationML	デジタル署名の起点：デジタル署名を管理する情報を定義
Digital Signature XML Signature	Digital Signature Origin	デジタル署名のXML署名：ドキュメント内の各ファイルが署名された結果などを定義。複数存在する場合もある
Embedded Control Persistence	次の各パーツ WordprocessingML SpreadsheetML PresentationML	埋め込み制御の永続化：パッケージへの埋め込み制御について定義。
Embedded Object	同上	埋め込みオブジェクト：任意の埋め込みオブジェクトサーバーによって作成された埋め込みオブジェクトを定義 Windowsでは音楽ファイルの埋め込みにはこれが使用される
Embedded Package	同上	埋め込みパッケージ：他の完全なパッケージを定義。WordにExcelを埋め込むようなときに使用

表 3-5-2 共通の構成パーツ(2)

パーツ	参照元パーツ	説明
File Properties, Extended	次の各パッケージ WordprocessingML SpreadsheetML PresentationML	拡張ファイルプロパティー：OOXML特有のファイルの情報を定義。最後に表示していたページなど
File Properties, Core	同上	コアファイルプロパティー：タイトルや作成者や更新日時など一般的な情報を定義
File Properties, Custom	同上	カスタムファイルプロパティー：ユーザー設定のファイルプロパティーを定義
Font	WordprocessingML: Font Table PresentationML: Presentation	フォント：ドキュメントに直接埋め込むフォントを定義。基本は各パーツからの参照定義
Image	次の各パーツ WordprocessingML SpreadsheetML PresentationML	画像：ドキュメントに埋め込む画像を定義。基本は各パーツからの参照定義。ドキュメント内部でも外部でもどちらでも良い
Printer Settings	WordprocessingML: Main Document Glossary Document SpreadsheetML: Chartsheet Dialogsheet Worksheet	プリンター設定：プリンターやディスプレイデバイスの設定を定義。内容はアプリケーション次第。
Thumbnail	次の各パッケージ WordprocessingML SpreadsheetML PresentationML	サムネイル：ドキュメントの内容をわかりやすくするための画像。パッケージファイルに埋め込みサイズに制限はない
Video part	次の各パーツ WordprocessingML PresentationML	動画：ドキュメントに埋め込む動画を定義。基本は各パーツからの参照定義。ドキュメント内部でも外部でもどちらでも良い

3.2. ファイル構成

MS OfficeでHelloWorld程度のファイルを保存したときのファイル構成を紹介する。「3.1構成パーツと関係性」で解説したとおり、ファイルとして登場するものはもっと多いが基本的なフォルダー構成として理解してほしい。これはOOXMLとして定義されているわけではないため、あくまでもMS Officeのお作法くらいのつもりで見てほしい。

3.2.1. WordprocessingMLの場合

WordprocessingMLの基本的なファイル構成は次のとおりだ。

```
/
├[Content_Types].xml
├_rels
│  └.rels
├docProps
│  ├app.xml
│  └core.xml
└word
   ├_rels
   │  └document.xml.rels
   ├theme
   │  └theme1.xml
   ├document.xml
   ├endnotes.xml
   ├fontTable.xml
   ├footnotes.xml
   ├settings.xml
   ├styles.xml
   └webSettings.xml
```

3.2.2. SpreadsheetMLの場合

SpreadsheetMLの基本的なファイル構成は次のとおりだ。

```
/
├[Content_Types].xml
├_rels
│  └.rels
├docProps
│  ├app.xml
│  └core.xml
└xl
   ├_rels
   │  └workbook.xml.rels
   ├printerSettings
   │  └printerSettings1.bin
   ├theme
   │  └theme1.xml
   ├worksheets
   │  ├_rels
```

```
│   │   └sheet1.xml.rels
│   └sheet1.xml
├calcChain.xml
├sharedStrings.xml
├styles.xml
└workbook.xml
```

3.2.3. PresentationMLの場合

PresentationMLの基本的なファイル構成は次のとおりだ。

```
/
├[Content_Types].xml
├_rels
│  └.rels
├docProps
│  ├app.xml
│  └core.xml
└ppt
   ├_rels
   │  └presentation.xml.rels
   ├slideLayouts
   │  ├_rels
   │  │  └slideLayout1.xml.rels
   │  └slideLayout1.xml
   ├slideMasters
   │  ├_rels
   │  │  └slideMaster1.xml.rels
   │  └slideMaster1.xml
   ├slides
   │  ├_rels
   │  │  └slide1.xml.rels
   │  └slide1.xml
   ├theme
   │  └theme1.xml
   ├presentation.xml
   ├presProps.xml
   ├tableStyles.xml
   └viewProps.xml
```

3.3. 名前空間について

OOXMLでは様々な機能単位で名前空間が定義されている。また、StrictとTransitionalで異なる。例えば、Main Documentパーツの名前空間は表3-6のとおり定義されている。

表3-6 WordprocessingMLのMain Documentパーツの名前空間

仕様	名前空間
Strict	http://purl.oclc.org/ooxml/wordprocessingml/main
Transitional	http://schemas.openxmlformats.org/wordprocessingml/2006/main

また、仕様書の付録（表3 7）に名前空間と使用するプレフィックスが記載されている。

表3-7 名前空間の使用例の記載場所

仕様	記載場所
Strict	Part.1：Annex D.（informative）Namespace Prefix Mapping in Examples
Transitional	Part.4：Annex C.（informative）Namespace Prefix Mapping in Examples
共通	Part.2：Annex F.（normative）Standard Namespaces and Content Types

表3-7の章に記載されている情報はあくまでもサンプルとしつつも各名前空間で使用するプレフィックスは決まっているため、プレフィックスを見れば大体の場合はどのような機能の要素か判別ができる。

名前空間以外にもURIなどで機能を判別する場面があり、表3-8でStrictとTransitionalを比較した。

表3-8 WordprocessingML Documentsパーツの情報

種類	値（Strict/Transitional）
コンテンツタイプ	application/vnd.openxmlformats-officedocument.wordprocessingml.document.main+xml application/vnd.openxmlformats-officedocument.wordprocessingml.template.main+xml application/vnd.openxmlformats-officedocument.wordprocessingml.main+xml application/vnd.openxmlformats-officedocument.wordprocessingml.template.main+xml
名前空間	http://purl.oclc.org/ooxml/wordprocessingml/main http://schemas.openxmlformats.org/wordprocessingml/2006/main
参照定義	http://purl.oclc.org/ooxml/officeDocument/relationships/officeDocument

コンテンツタイプと名前空間はStrictとTransitionalでそれぞれ異なるが、参照定義は共通の仕様となっているため、同じだ。

第4章 文章（WordprocessingML）

本章ではWordprocessingMLの機能についていくつかのトピックを立てて解説する。

4.1. フォント

WordprocessingMLにおけるフォントの扱いについて解説する。

本文やスタイルでフォントを指定するとき次の4種類に分類し、rFonts要素で設定をする。それぞれに対して別々のフォント設定が可能だ。

・ASCII
・High ANSI
・Complex Script（複雑な文字列配置）
・East Asian

ここでの解説は本文などに記述された文字列に対してのフォントの分類方法であり、rFonts要素に設定してある4種類のフォントの中からどれを選択するか、である。最終的に選択されるフォントの確定にはスタイルやテーマまで考慮する必要がある。詳細は次の章を参照してほしい。

・4.5スタイル
・5.2.2.4フォントの参照方法（WordprocessingML）

これからの解説に使用する要素について表4-1に簡単にまとめる。テーマ関連の属性もあるが省略している。これは「5.2.2.4フォントの参照方法（WordprocessingML）」を参照してほしい。

表4-1 フォントの設定で使用する要素

要素名	説明/属性
rFonts	フォント（Run Fonts）：ランコンテンツで使用するフォントを設定 ascii：Asciiとして判定した場合のフォントを設定 cs：複雑な文字列配置として判定した場合のフォントを設定 eastAsia：東アジアとして判定した場合のフォントを設定 hAnsi：High ANSI判定した場合のフォントを設定 hint：フォントの判定が曖昧になるものを、どの文字分類として判断するかを指定。主に記号などラテン系・東アジア系のどちらのフォントにも収録されている場合は、ユーザーの意図とアプリケーションの判定が一致するとは限らないため優先を設定。ST_Hintで定義された次の値を設定 cs：複雑な文字列配置（complex script） default：ヒントを使用しない eastAsia：東アジアフォント
cs	複雑な文字列配置（Use Complex Script Formatting on Run）：この要素をrPr要素で定義するとランコンテンツに含まれる文字を複雑な文字列配置として扱う
rtl	右から左へ記述（Right To Left Text）：この要素をrPr要素で定義するとランコンテンツの内容に右から左へ記述する文字列が含まれることになり、複雑な文字列配置として扱う
lang	言語（Right To Left Text）：スペルや文法をチェックするときの基準に言語を設定 ・bidi（任意）　文字分類が複雑な文字列配置（complex script）のときに使用する言語を設定 ・eastAsia（任意）　文字分類が東アジアのときに使用する言語を設定。ja-JPなど ・val（任意）　文字分類がラテン系ときに使用する言語を設定

4.1.1. フォント判定の流れ

フォント判定の大筋は次の流れとなる。

1. 文字分類の判定（詳細は後述）
2. 文字分類に応じてフォント取得ルートを決定
3. 文字分類が東アジアかつrFonts要素のhint属性が東アジア
4. rPr要素配下にcs要素・rtl要素がある
5. 文字分類が東アジア
6. 文字分類がHigh ANSI
7. 文字分類がAscii

4.1.2. 文字分類の判定

文字分類の判定はUnicodeのブロック単位で文字分類が決まっている。すべての分類を知りたい場合は仕様書Part1の「17.3.2.26 rFonts (Run Fonts)」を参照していただくとして、独断と偏見で代表的なものを表4-2にまとめた。一部、hint属性やlang要素に依存している部分があるため、一通りのパターンが揃うようにピックアップした。

表4-2 文字分類の判定表

Unicodeブロック	コード範囲	文字分類	備考
基本ラテン文字	U+0000 - U+007F	ASCII	
ラテン1補助	U+00A0 - U+00FF	High ANSI	hint属性がeastAsiaの場合に次のコードは東アジア（A1, A4, A7-A8, AA, AD, AF,B0 - B4, B6-BA, BC-BF, D7, F7） hint属性がeastAsiaでlang要素のeastAsia属性に言語zhが指定されている場合に次のコードは東アジア（E0 -E1, E8-EA, EC-ED, F2-F3, F9-FA, FC）
ラテン文字拡張A	U+0100 - U+017F	High ANSI	hint属性がeastAsiaでlang要素のeastAsia属性に言語zhが指定されている場合、または、東アジアフォントにBig5かGB2312が設定されている場合は、東アジア
ラテン文字拡張B	U+0180 - U+024F	High ANSI	
ギリシャ文字	U+0370 - U+03CF	High ANSI	hint属性がeastAsiaの場合は東アジア
アラビア文字	U+0600 - U+06FF	ASCII	
一般句読点	U+2000 - U+206F	High ANSI	hint属性がeastAsiaの場合は東アジア
CJK部首補助	U+2E80 - U+2EFF	東アジア	
平仮名	U+3040 - U+309F	東アジア	
片仮名	U+30A0 - U+30FF	東アジア	
CJK統合漢字	U+4E00 - U+9FAF	東アジア	
アルファベット表示形	U+FB00 - U+FB4F	右記	FB00-FB1C：hint属性が東アジアの場合は東アジア、それ以外はHigh ANSI FB1D-FB4F：Ascii

なお、片仮名拡張（U+31F1 - U+31FF）など仕様書に書かれていない範囲もある。例にあげた片仮名拡張はWordで東アジア判定された。

4.1.3. フォントをより正確に設定

Wordで保存したファイルをのぞくとr要素が細かく設定されているのを見ることができる（もちろん、細かく分割される理由はフォントだけではないのだが……）。例えば図4-1のような例文をWordはリスト4-1のように出力する。

図4-1 フォント設定用の例文

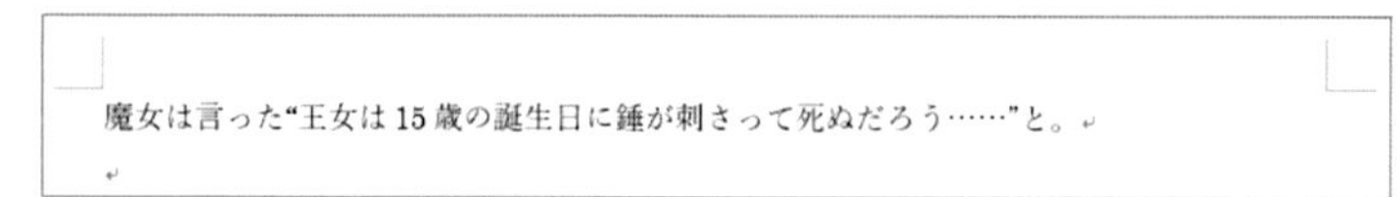

リスト4-1 Wordの出力結果

```
<w:r>
  <w:rPr>
    <w:rFonts w:hint="eastAsia"/>
  </w:rPr>
    <w:t>魔女は言った“王女は</w:t>
  </w:r>
<w:r>
  <w:rPr>
    <w:rFonts w:hint="eastAsia"/>
  </w:rPr>
  <w:t>15</w:t>
</w:r>
<w:r>
  <w:rPr>
    <w:rFonts w:hint="eastAsia"/>
  </w:rPr>
  <w:t>歳の誕生日に錘が刺さって死ぬだろう……”と。</w:t>
</w:r>
```

リスト4-1は、日本語変換の入力モードを日本語のまま変更することなく前から入力した結果だ。これまで著者が見ている範囲では、東アジア判定される文字か否かで分割されているように見える(それ以外の理由でもより細かく分割される)。

ここで、同じ文章をリスト4-2のようにrFonts要素を使用せず、フォントについての設定をまったくしない状態でWordに読み込ませた場合はどうなるだろうか。結果は、図4-2のとおりだ。

リスト4-2 Wordの文字分類の判定を調べる

```
<w:r>
  <w:t>魔女は言った“王女は15歳の誕生日に錘が刺さって死ぬだろう……”と。</w:t>
</w:r>
```

図4-2 Wordの文字分類の判定結果

魔女は言った“王女は 15 歳の誕生日に錘が刺さって死ぬだろう......”と。

見た目では少し分かりづらいが、「“(左ダブル引用符)」と「”(右ダブル引用符)」と「…(三点リーダー)」がHigh ANSIとして認識され漢字やひらがなとは違うフォントになっている。リスト4-2のファイルをWordで上書き保存するとどこで文字の判定が分かれているかがわかりやすい。

リスト4-3 Wordで上書き保存して出力された結果

```
<w:r>
  <w:t>“</w:t>
</w:r>
<w:r>
  <w:t>王女は</w:t>
</w:r>
<w:r>
  <w:t>15</w:t>
</w:r>
<w:r>
  <w:t>歳の誕生日に錘が刺さって死ぬだろう</w:t>
</w:r>
<w:r>
  <w:t>……”</w:t>
</w:r>
<w:r>
  <w:t>と。</w:t>
</w:r>
```

理由としては、左ダブル引用符（U+201C）・右ダブル引用符（U+201D）・三点リーダー（U+2026）の文字コードがUnicodeブロックの一般句読点（U+2000 - U+206F）に入っており、文字分類の判定基準が「基本はHigh ANSIだが、hint属性がeastAsiaの場合は東アジア」となっているためだ。

変換モードの状況などで少なからずユーザーの意思を読み取れるWordのユーザーインターフェースからの入力と違い一文字ずつ機械的に判断するしかないシチュエーションでは図4-2のような結果となる。

日本語がメインの文章で日本国内での使用に限れば、リスト4-4のようにhint属性にとりあえずeastAsiaを設定すれば基本的に東アジア側に寄るため問題は少ないだろう。

リスト4-4 Wordの出力結果（再掲）

```
<w:r>
  <w:rPr>
    <w:rFonts w:hint="eastAsia"/>
  </w:rPr>
    <w:t>魔女は言った“王女は</w:t>
  </w:r>
<w:r>
  <w:rPr>
    <w:rFonts w:hint="eastAsia"/>
  </w:rPr>
  <w:t>15</w:t>
```

```
</w:r>
<w:r>
  <w:rPr>
    <w:rFonts w:hint="eastAsia"/>
  </w:rPr>
  <w:t>歳の誕生日に錘が刺さって死ぬだろう……” と。</w:t>
</w:r>
```

4.2. 書字方向

文字を並べる方向についてOOXMLにおける用語の使い方について解説する。まず、次の分類が一般的にある。

- 横書き
  - 左から右（英語など）
  - 右から左（アラビア語など）
- 縦書き
  - 左から右
  - 右から左（日本語など）

暗黙的な書き方になっているが、横書きは行の進む方向が上から下であることが前提であり、縦書きは行の中で文字の進む方向が上から下であることが前提となっている。

さて、ここで取り上げたいのは行の中で文字がどのように進む（書いていく）かだ。下から上をのぞいた3種類がある。その3種類のどの状態だったとしても共通で使える表現として、OOXMLでは段落などにおける文字の開始位置を「start」、終了位置を「end」と表現する。この説明だけを見ると当然のことを言っているように感じるかもしれないが、紙面における絶対位置が変化することに注意してほしい。横書き（左から右）なら「start」は左側であるし、横書き（右から左）なら右側、縦書きなら上側となる。

なお、WordprocessingMLで書字方向を設定するにはリスト4-5の強調部分のようにtextDirection要素を使用する。

リスト4-5 書字方向の設定例（縦書き）

```
<w:sectPr>
  <w:pgSz w:w="595.30pt" w:h="841.90pt"/>
  <w:pgMar w:gutter="0pt" w:footer="49.60pt" w:header="42.55pt"
 w:left="21.30pt" w:bottom="85.05pt" w:right="396.85pt" w:top="21.30pt"/>
```

```
  <w:cols w:space="21.25pt"/>
  <w:textDirection w:val="rl"/>
  <w:docGrid w:type="lines" w:linePitch="360"/>
</w:sectPr>
```

表4-3 書字方向で使用する要素

要素名	説明/属性
textDirection	書字方向（Paragraph Text Flow Direction）：段落やセクションの書字方向を設定 ・val（必須） 書字方向の設定。ST_TextDirectionで定義される次の値を設定 lr：左から右へ行が進む（横書きを左へ90度回転したイメージ） lrV：左から右へ行が進む（縦書き） rl：右から左へ行が進む（横書きを右へ90度回転したイメージ） rlV：右から左へ行が進む縦書き（いわゆる縦書き） tb：上から下へ行が進む（いわゆるの横書き） tbV：上から下へ行が進む（縦書きを左へ90度回転したイメージ） Transitional版では次も設定可能 btLr：下から上へ文字が進み、左から右へ行が進む（lrと同じ） lrTb：左から右へ文字が進み、上から下へ行が進む（tbと同じ） lrTbV：90度倒して左から右へ文字が進み、上から下へ行が進む（tbVと同じ） tbLrV：90度倒して上から下へ文字が進み、左から右へ行が進む（lrVと同じ） tbRl：上から下へ文字が進み、右から左へ行が進む（rlと同じ） tbRlV：90度倒して上から下へ文字が進み、右から左へ行が進む（rlVと同じ）

書字方向の設定は基本的にリスト4-5のようにsectPr要素の配下でセクション単位の設定として行う。しかし、要素名のフル名称に「段落」が入っているだけあって段落でも使用できる。ただし、縦書きと横書きを自由に混ぜられるわけではない。例えば、文章としては横書きだが、表の特定のセルだけ縦書きにしたい場合など特殊な状況でしか使用できない。

なお、textDirection要素のval属性に設定する値のlとrは行の進む方向を示し、Vは文字の回転を示す。Transitional版では最初の2文字が文字の進む方向を示し、続く2文字が行の進む方向を示す。最後のVが文字を回転するかを示す。

しかし、Strict版ではセクションに設定したときと表のセルに設定したときで挙動が違ったので設定値と結果のイメージを図4-3に示す。

図4-3 書字方向の設定イメージ

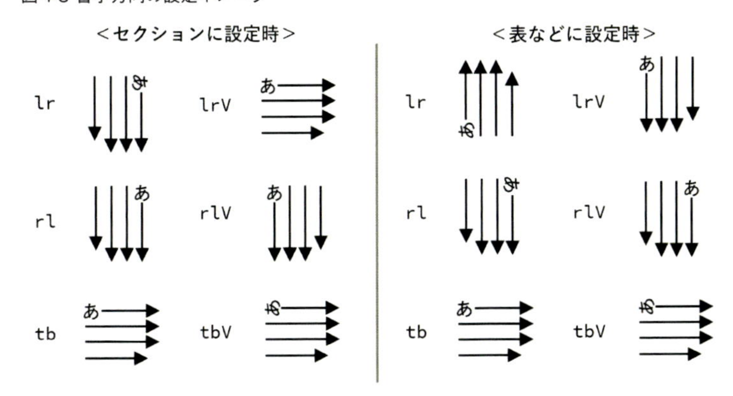

表などへの設定したときが仕様書どおりの挙動をしている。セクションへ設定するときはlrVとtbが重複した動きをする。また、Wordのダイアログでの設定項目との関連付けは、セクションでは選択できない項目もある。逆に表へ設定するときはすべてが選択できる。それでも、縦書きで左から右へ行が進む設定はWordの設定ダイアログないに項目が全くないため、設定できない。

図4-4 Wordの設定画面との対応付け

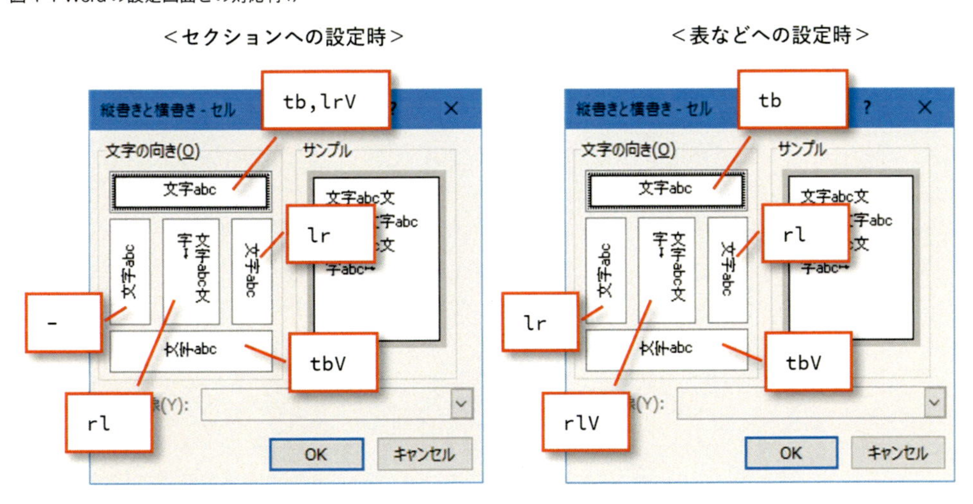

4.3. 段落番号・箇条書き

段落番号と箇条書きについて解説する。ちなみに、黒丸などを用いた箇条書きは、序数などを用いる段落番号のバリエーションのひとつだ。

4.3.1. 解釈するソフトのデフォルト動作に任せる

最初に段落番号の表示などを解釈するソフトのデフォルト動作にすべて任せてしまう方法を紹介

する。表示結果としては図4-5のようになる。

図4-5 一番簡単な段落番号の例

1. 願い叶い王女が生まれる
2. 王様は喜びお披露目パーティーを開催
3. 13人目の魔女が怒り心頭でことを起こす

見た目に関わる部分を表示するソフトのお任せにしてしまう場合は、リスト4-6の強調部分の記述だけだ。各要素の説明は表4-4のとおり。

リスト4-6 一番簡単な段落番号の例

```
<w:p>
  <w:pPr>
    <w:numPr>
      <w:ilvl w:val="0"/>
      <w:numId w:val="1"/>
    </w:numPr>
  </w:pPr>
  <w:r>
    <w:t>願い叶い王女が生まれる</w:t>
  </w:r>
</w:p>
<w:p>
  <w:pPr>
    <w:numPr>
      <w:ilvl w:val="0"/>
      <w:numId w:val="1"/>
    </w:numPr>
  </w:pPr>
  <w:r>
    <w:t>王様は喜びお披露目パーティーを開催</w:t>
  </w:r>
</w:p>
<w:p>
  <w:pPr>
    <w:numPr>
      <w:ilvl w:val="0"/>
      <w:numId w:val="1"/>
    </w:numPr>
  </w:pPr>
```

```
    <w:r>
      <w:t>13人目の魔女が怒り心頭でことを起こす</w:t>
    </w:r>
</w:p>
```

表4-4 段落番号（段落）で使用する要素

要素名	説明/属性
numPr	段落番号定義参照（Numbering Definition Instance Reference）：段落番号や箇条書きの設定を参照
ilvl	段落番号レベル（Numbering Level Reference）：段落レベルを設定。大抵、視覚的にはインデントの深さや序数の使い方が変化する ・val　段落レベルを整数で設定。値の範囲は0〜8
numId	段落番号定義Id（Numbering Definition Instance Reference） ・val　参照する段落番号定義のIdを整数で設定。このIdが変化すると序数がリセットされ、数え直しになる

4.3.1.1. 詳細な設定について

表4-4を見てわかるとおり、序数の振り方やどのような書式にするといった設定はなく本当に最低限の設定のみとなる。numPr要素の名前的にも段落番号に関する設定情報が他にあることを臭わせている。「3.1.1WordprocessingMLの構成パーツ」の表3-1に登場した「段落番号書式の定義（Numbering Definitions）」がその正体である。この内容については後述する。

4.3.1.2. 段落番号レベルの上限

表4-4のilvl属性の値は0〜8が設定できる範囲としているが、この属性として直接的に定義されている情報ではない。わかりやすくするために便宜上書いているだけである。

捕捉すると「段落番号書式の定義（Numbering Definitions）」でレベルごとの書式設定をするが、そのときに定義できるレベルの数が使用する要素の数で限定されているために結果として設定できる値が限定される。かつ、その情報はXML Schemeの定義となる。

4.3.1.3. 段落番号定義Id

ドキュメント内でこのIdが同じである限り段落番号の数字（アルファベットなどの文字もある）は継続してカウントされ続ける。間にどれだけの段落などがあっても関係なく連動する。

4.3.2. 段落番号書式パーツを定義

段落番号書式（Numbering Definitions）の定義と参照方法について図4-6のようなサンプルで解説する。本文のnumId要素を起点にして段落番号の詳細な書式設定に辿り着くまでに要素で2段階たどる。また、ファイル自体の参照も入れれば3段階となる。

サンプルフォルダー：WordprocessingML\Numbering

出来上がり見本：WordprocessingML\Numbering.docx

図4-6 段落番号のサンプル

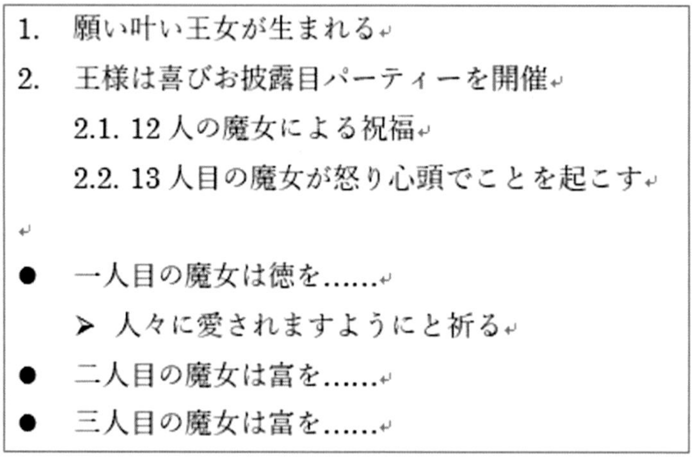

1. 願い叶い王女が生まれる
2. 王様は喜びお披露目パーティーを開催
    2.1. 12人の魔女による祝福
    2.2. 13人目の魔女が怒り心頭でことを起こす

- 一人目の魔女は徳を……
    - ➢ 人々に愛されますようにと祈る
- 二人目の魔女は富を……
- 三人目の魔女は富を……

4.3.2.1. ファイル構成と参照定義

段落番号書式はパーツとして定義されておりファイルを分離する。本文以外にもヘッダーやフッターからも使用できるように共通化するためだ。

段落番号書式を使用するために作成および修正するファイルは次のようになる。

・[Content_Types].xml
・word/document.xml
・word/_rels/document.xml.rels
・word/numbering.xml

コンテンツタイプと参照定義ファイルの修正を忘れないようにしてほしい。具体的な修正はリスト4-7とリスト4-8のとおりだ。

リスト4-7 [Content_Types].xml

```
<?xml version="1.0" encoding="UTF-8" standalone="yes"?>
<Types xmlns="http://schemas.openxmlformats.org/package/2006/content-types">
  ...
  <Override PartName="/word/numbering.xml"
     ContentType="application/vnd.openxmlformats-officedocument
                        .wordprocessingml.numbering+xml"/>
</Types>
```

リスト4-8 document.xml.rels

```
<?xml version="1.0" encoding="UTF-8" standalone="yes"?>
<Relationships
    xmlns="http://schemas.openxmlformats.org/package/2006/relationships">
  ...
  <Relationship Id="rId6"
    Type="http://purl.oclc.org/ooxml/officeDocument/relationships/numbering"
    Target="numbering.xml"/>
</Relationships>
```

本文から段落番号書式への参照

本文からIdを使用した参照はなく参照定義ファイルに定義された段落番号書式のファイル（numbering.xml）の内容を暗黙的に使用する。つまり、段落番号や箇条書きを使用する側からは、どのファイルを参照するかは意識せず、中に定義された特定の設定のみを参照する。

4.3.2.2. 段落番号書式ファイルの定義

段落番号書式ファイルについて、段落番号と箇条書きの両方でレベル2までの定義方法を解説する。具体的な内容はリスト4-9のとおりだ。特に段落番号特有の要素は強調表示し、表4-5で解説する。

リスト4-9 numbering.xml

```
<?xml version="1.0" encoding="UTF-8" standalone="yes"?>
<w:numbering
    xmlns:r="http://purl.oclc.org/ooxml/officeDocument/relationships"
    xmlns:w="http://purl.oclc.org/ooxml/wordprocessingml/main">
  <!-- 段落番号用の設定 -->
  <w:abstractNum w:abstractNumId="0">
    <w:nsid w:val="2E4709B1"/>
    <w:multiLevelType w:val="multilevel"/>
    <w:lvl w:ilvl="0">
      <w:start w:val="1"/>
      <w:numFmt w:val="decimal"/>
      <w:lvlText w:val="%1."/>
      <w:lvlJc w:val="start"/>
      <w:pPr>
        <w:tabs>
          <w:tab w:val="num" w:pos="36pt"/>
        </w:tabs>
        <w:ind w:start="21pt" w:hanging="21pt"/>
      </w:pPr>
    </w:lvl>
    <w:lvl w:ilvl="1">
```

```
    <w:start w:val="1"/>
    <w:numFmt w:val="decimal"/>
    <w:lvlText w:val="%1.%2."/>
    <w:lvlJc w:val="start"/>
    <w:pPr>
      <w:tabs>
        <w:tab w:val="num" w:pos="72pt"/>
      </w:tabs>
      <w:ind w:start="42pt" w:hanging="21pt"/>
    </w:pPr>
  </w:lvl>
</w:abstractNum>
<!-- 箇条書き用の設定 -->
<w:abstractNum w:abstractNumId="1">
  <w:nsid w:val="0DDE3AB4"/>
  <w:multiLevelType w:val="hybridMultilevel"/>
  <w:lvl w:ilvl="0">
    <w:start w:val="1"/>
    <w:numFmt w:val="bullet"/>
    <w:lvlText w:val="⊠"/>
    <w:lvlJc w:val="start"/>
    <w:pPr>
      <w:tabs>
        <w:tab w:val="num" w:pos="36pt"/>
      </w:tabs>
      <w:ind w:start="21pt" w:hanging="21pt"/>
    </w:pPr>
    <w:rPr>
      <w:rFonts w:hAnsi="Wingdings"/>
    </w:rPr>
  </w:lvl>
  <w:lvl w:ilvl="1">
    <w:start w:val="1"/>
    <w:numFmt w:val="bullet"/>
    <w:lvlText w:val="⊠"/>
    <w:lvlJc w:val="start"/>
    <w:pPr>
      <w:tabs>
        <w:tab w:val="num" w:pos="36pt"/>
      </w:tabs>
      <w:ind w:start="42pt" w:hanging="21pt"/>
```

```
      </w:pPr>
      <w:rPr>
        <w:rFonts w:hAnsi="Wingdings"/>
      </w:rPr>
    </w:lvl>
  </w:abstractNum>
  <!-- 本文からの一次参照 -->
  <w:num w:numId="1">
    <w:abstractNumId w:val="0"/>
  </w:num>
  <w:num w:numId="2">
    <w:abstractNumId w:val="1"/>
  </w:num>
</w:numbering>
```

表4-5 段落番号書式の定義で使用する要素

要素名	説明/属性
numbering	段落番号書式のルート要素：名前空間にはXML Schemeでターゲット指定されている値を指定。詳細な定義は仕様書Part1の「Annex A.(normative)Schemas – W3C XML Schema」か添付の「wml.xsd」を参照
abstractNum	抽象段落番号定義（Abstract Numbering Definition）：段落番号定義ファイル内で複数の書式セットを定義するためのルート要素 ・abstractNumId（必須） 書式セットを一意に表現するためのIdを設定
nsid	抽象段落番号定義Id（Abstract Numbering Definition Identifier）：書式セットを識別するためのId。ファイルをまたいで段落番号の設定されている文章がコピーされたときに抽象段落番号定義もコピーするのかを決定する。省略しても良い ・val（必須） Idを8桁の16進数で設定
multiLevelType	抽象段落番号定義の型（Abstract Numbering Definition Type）：読み込みアプリケーションに定義の種類を知らせるために使用 ・val（必須） 段落レベルの種類をST_MultiLevelTypeで定義された名前で設定 hybridMultilevel：記号と番号と混合で複数レベル multilevel：記号と番号がどちらか単独で複数レベル singleLevel 単一レベル
lvl	段落番号レベルの定義（Numbering Level Definition）：段落番号レベルごとの定義を行う ・ilvl（必須） 段落番号レベルを整数で設定。0～8の値
start	開始番号（Starting Value）：段落番号の開始番号。省略したときは0扱い ・val（必須） 数値を設定。段落番号フォーマットが数値以外のものでも数値で設定。つまりは、インデックスを設定している
numFmt	段落番号フォーマット（Numbering Format）：段落番号の形式を設定。lvlText属性の%nに当てはめられる値に影響 ・val（必須） フォーマットの名称を設定。次のST_NumberFormatで定義された値を設定（抜粋） aiueoFullWidth：アイウエオ…… bullet：lvlText要素の最初の一文字（いわゆる箇条書き） chineseCountingThousand：一二三四五…… chineseLegalSimplified：壹☒叁肆伍…… decimal：10進数の数字 decimalEnclosedParen：(1)(2)(3)(4)(5)…… ideographTraditional：甲乙丙丁戊…… irohaFullWidth：イロハニホヘト……
lvlText	レベル文字列（Numbering Level Text）：段落番号の表示フォーマットを設定 ・val（任意） 任意の文字列を設定。%n（n=1～9）を使用するとレベルとフォーマットに応じた文字に置き換わる
lvlJc	行端揃え（Justification）：段落番号の文字列の表示位置を設定 ・val（必須） 行端揃えの方法をST_Jcで定義された次の名前で設定（抜粋） center：中心を合わせる end：右側を合わせる start：左側を合わせる（デフォルト）
num	段落番号定義インスタンス（Numbering Definition Instance）：本文と抽象段落番号定義の橋渡し ・numId（必須） 本文などからの参照で使用されるIdを設定
abstractNumId	抽象段落番号定義への参照（Abstract Numbering Definition Reference）：抽象段落番号定義への参照を設定。このIdでabstractNum要素を選択 ・val（必須） 抽象段落番号定義Idを設定

本文からの参照の流れ

本文からの参照の流れは図4-7のとおりだ。読み込むアプリケーションは事前に参照関係ファイルから段落番号書式ファイル（numbering.xml）を特定して読み込んでおく必要がある。

図4-7 段落番号の参照の流れ

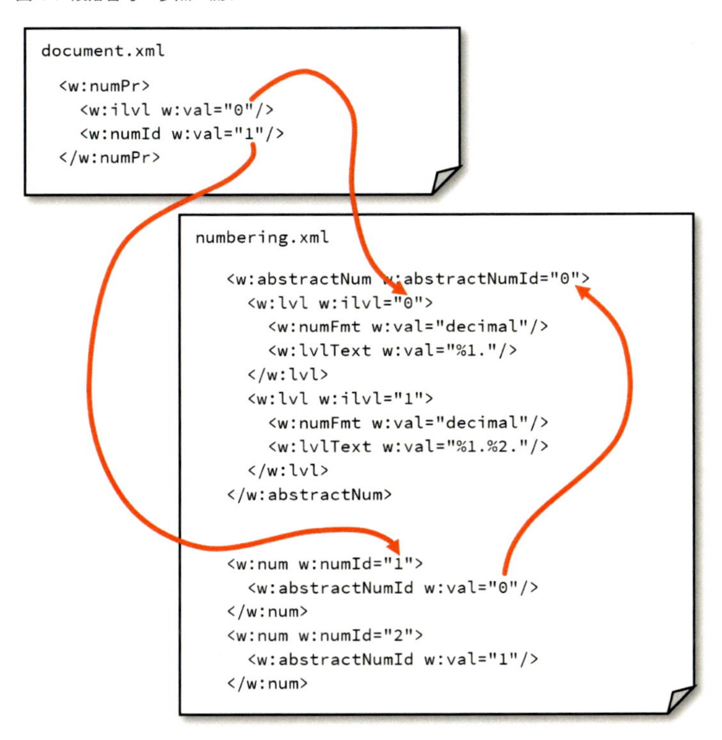

段落番号インスタンスの考え方

図4-7でも示したように本文からは一旦num要素を経由してabstractNum要素へと辿り着く。この2段階の理由は段落番号の数を数える範囲と書式を分離するためだ。

例えば、段落番号を設定する段落のかたまりが複数組あったとすると、それらの組の数だけnum要素を定義する。それにより、同じnumIdが設定されている箇条書きにおける段落のグループが作られ、独立して数を数えることができる。ちなみに、同じ組に所属する段落は離れていてもかまわない。何なら互い違いでも良い。

行端揃えの基準位置

段落番号の書式ではlvlJc要素を使用して段落番号の表示位置をコントロールできる。リスト4-9における箇条書きのレベル1にendをレベル2にcenterを設定すると図4-8のようになる。どこの位置が調整されるか勘違いしないようにしてほしい。

図4-8 段落番号（記号）の行揃え位置

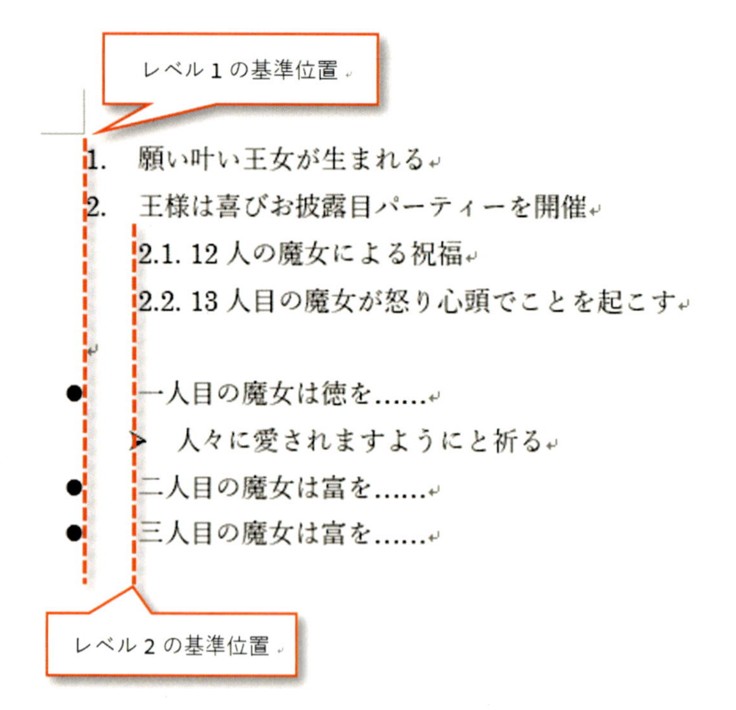

箇条書きの記号

箇条書きのとき、つまり、numFmt要素に「bullet」を設定したときは、lvlText要素で設定したフォーマットテキストの先頭文字を表示しているだけである。例えば、図4-9のようなWord標準の箇条書き記号の場合も実はフォントである。

図4-9 箇条書きの記号

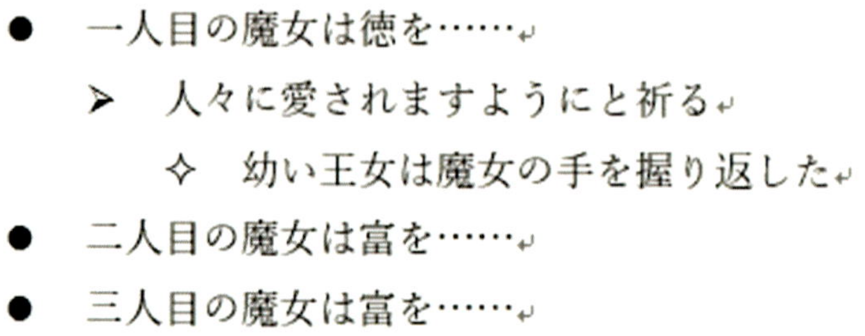

- ● 一人目の魔女は徳を……
  - ➢ 人々に愛されますようにと祈る
    - ✧ 幼い王女は魔女の手を握り返した
- ● 二人目の魔女は富を……
- ● 三人目の魔女は富を……

ただし、図4-10のとおりUnicodeで定義されているもののWingdingsフォントにしか収録されていないため大抵は表示できない。箇条書きを設定した段落をコピー＆ペーストすると文字化けした記号が先頭にくっついてくるのは、この特殊な文字のせいだ。

図4-10 箇条書きの記号とUnicode

● U+F06C
➢ U+F0D8
✧ U+F0B2

インデントや他の書式の設定

リスト4-9（次に抜粋）を見るとすぐに気づくと思うが、pPr要素とrPr要素を使用してインデントやフォントの設定をしている。

```
<w:lvl w:ilvl="0">
  <w:start w:val="1"/>
  <w:numFmt w:val="bullet"/>
  <w:lvlText w:val="☒"/>
  <w:lvlJc w:val="start"/>
  <w:pPr>
    <w:tabs>
      <w:tab w:val="num" w:pos="36pt"/>
    </w:tabs>
    <w:ind w:start="21pt" w:hanging="21pt"/>
  </w:pPr>
  <w:rPr>
    <w:rFonts w:hAnsi="Wingdings"/>
  </w:rPr>
</w:lvl>
```

ただし、効果範囲に注意が必要だ。pPr要素は文字どおり段落全体に効果を発揮するが、rPr要素は段落番号（記号）にのみ効果を発揮する。例えば、次のように書き換えると段落全体が中央寄せになり、黒丸が赤くなる。

```
<w:lvl w:ilvl="0">
  <w:start w:val="1"/>
  <w:numFmt w:val="bullet"/>
  <w:lvlText w:val="☒"/>
  <w:lvlJc w:val="start"/>
  <w:pPr>
    <w:jc w:val="center"/>
  </w:pPr>
```

```
      <w:rPr>
        <w:rFonts w:hAnsi="Wingdings"/>
        <w:color w:val="FF0000"/>
      </w:rPr>
    </w:lvl>
```

4.4. インデント（字下げ・ぶら下げ）

インデントについて図4-11のように左インデント2文字、右インデント3文字、字下げ1文字を設定するサンプルで解説する。

サンプルフォルダー：WordprocessingML\Indent
出来上がり見本：WordprocessingML\Indent.docx

図4-11 インデントのサンプル

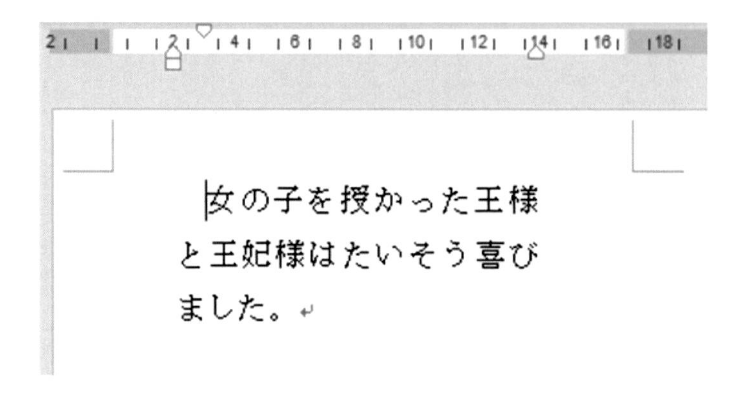

サンプルはリスト4-10の強調部分のようにind要素を段落プロパティーに設定する。内容としては、左インデント2文字、右インデント3文字、字下げ1文字である。要素の説明は表4-6のとおりだ。

リスト4-10 インデントの例

```
<w:p>
  <w:pPr>
    <w:ind w:startChars="200" w:endChars="300" w:firstLineChars="100"/>
  </w:pPr>
  <w:r>
    <w:t>女の子を授かった王様と王妃様はたいそう喜びました。</w:t>
  </w:r>
</w:p>
```

表4-6 インデントの定義で使用する要素

要素名	説明/属性
ind	インデント（Paragraph Indentation）：インデントや字下げ、ぶら下げを設定 ・end（任意） 終了方向のインデント設定。ST_SignedTwipsMeasureで定義されている1/20（point）の値か、10進数の単位付きの値で設定 720（＝36points＝12.7mm） 10.5pt ・endChars（任意） 終了方向のインデント設定。文字数*100の値で設定 ・firstLine（任意） 段落の1行目の字下げの設定。ぶら下げとは排他。設定値はendと同様 ・firstLineChars（任意） 段落の1行目の字下げの設定。ぶら下げとは排他。設定値はendCharsと同様 ・hanging（任意） 段落の2行目以降のぶら下げの設定。字下げとは排他。設定値はendと同様 ・hangingChars（任意） 段落の2行目以降のぶら下げの設定。字下げとは排他。設定値はendCharsと同様 ・start（任意） 開始方向のインデント設定。設定値はendと同様 ・startChars（任意） 開始方向のインデント設定。設定値はendCharsと同様

4.4.1. 各属性で設定している場所について

属性に似た名前のものがあるが、設定項目としては4種類で設定値の扱いがことなるものがそれぞれ2種類ずつだ。具体的な場所を図4-12にしめす。字下げとぶら下げが排他の関係になることがわかるだろう。

図4-12 インデントの設定項目の場所

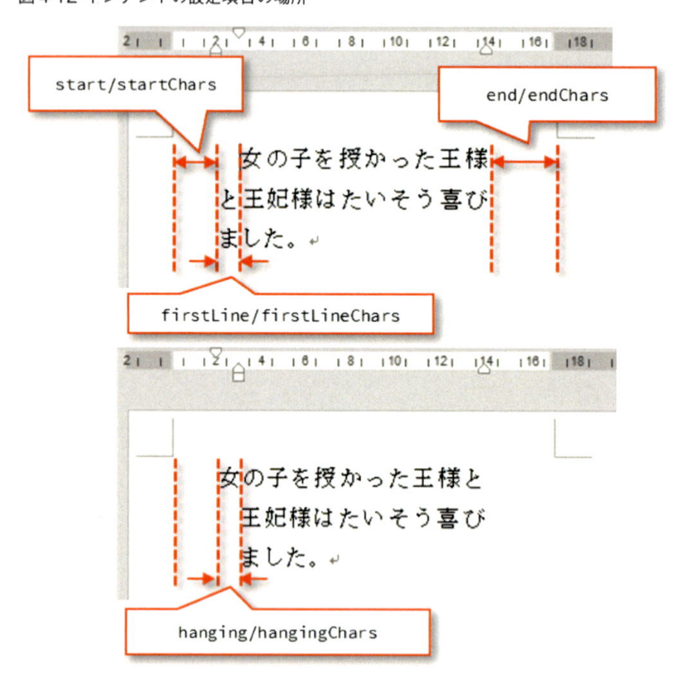

4.4.2. 段落番号・箇条書きとの組み合わせ

箇条書きや段落番号などが設定されているときは挙動が少し変化する。リスト4-11は左インデント4文字、右インデント3文字、ぶら下げ5文字の設定で、結果は図4-13のようになる。

リスト4-11 インデントの例（段落番号付き）

```
<w:p>
  <w:pPr>
    <w:numPr>
      <w:ilvl w:val="0"/>
      <w:numId w:val="2"/>
    </w:numPr>
    <w:ind w:startChars="400" w:endChars="300" w:hangingChars="500"/>
  </w:pPr>
  <w:r>
    <w:t>13人目の魔女が怒り心頭でことを起こす</w:t>
  </w:r>
</w:p>
```

図4-13 インデントの設定項目の場所（箇条書き・段落番号）

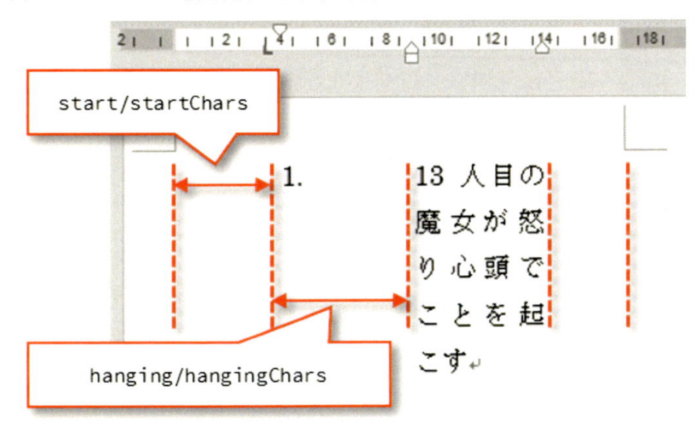

想像通りの挙動だろうか？　このように段落の1行目もぶら下げ設定に影響された動きになる。この1行目の位置決定はタブ設定（Wordでは段落設定のダイアログの左下のボタン）も影響している。タブ設定の位置をぶら下げの範囲内に設定すると1行目の位置を図4-14のように調節できる。タブ設定の詳細は省略するが、設定例としてはリスト4-12のとおりだ。

図4-14 インデントの設定項目の場所（箇条書き・段落番号・タブ設定）

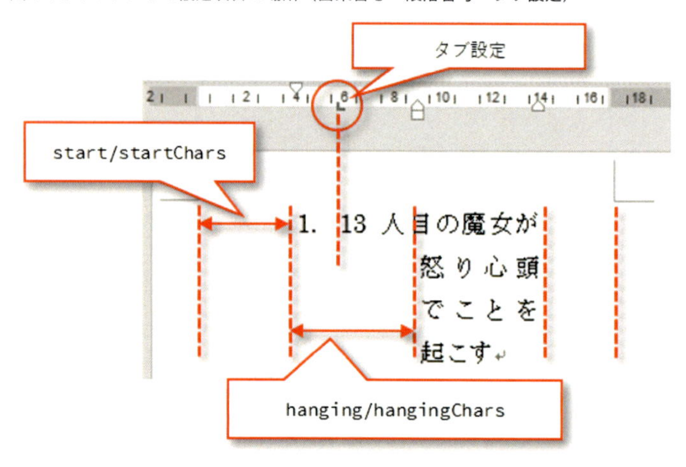

リスト4-12 インデントの例（段落番号とタブ設定付き）

```
<w:p>
  <w:pPr>
    <w:numPr>
      <w:ilvl w:val="0"/>
      <w:numId w:val="2"/>
    </w:numPr>
    <w:tabs>
      <w:tab w:val="start" w:pos="60pt"/>
    </w:tabs>
    <w:ind w:startChars="400" w:endChars="300" w:hangingChars="500"/>
  </w:pPr>
  <w:r>
    <w:t>13人目の魔女が怒り心頭でことを起こす</w:t>
  </w:r>
</w:p>
```

4.4.3. 属性の関係性について

インデント関連の設定は排他関係や優先順位があるため、それを表4-7にまとめた。

基本的に「Chars」のありなしでは「あり」が優先され、字下げ（firstLine）とぶら下げ（hanging）では、ぶら下げが優先される。

表4-7 属性の関係

	end	endChars	firstLine	firstLineChars	hanging	hangingChars	start	startChars
end		<						
endChars	>							
firstLine				<	<<			
firstLineChars			>			<<		
hanging			>>			<		
hangingChars				>>	>			
start								<
startChars							>	

>>：左を優先（基本は排他）
>：左を優先
<<：右を優先（基本は排他）
<：右を優先

4.5. スタイル

スタイルとは、書式設定を再利用な形で用意しておき文章の見た目を効率良く管理するための仕組みだ。ここでは、スタイルの定義方法と使用方法について、図4-15のような2段階の見出しと部分的な強調を作成するサンプルで解説する。

サンプルフォルダー：WordprocessingML\Style
出来上がり見本：WordprocessingML\Style.docx

図4-15 スタイルの作成例（目標）

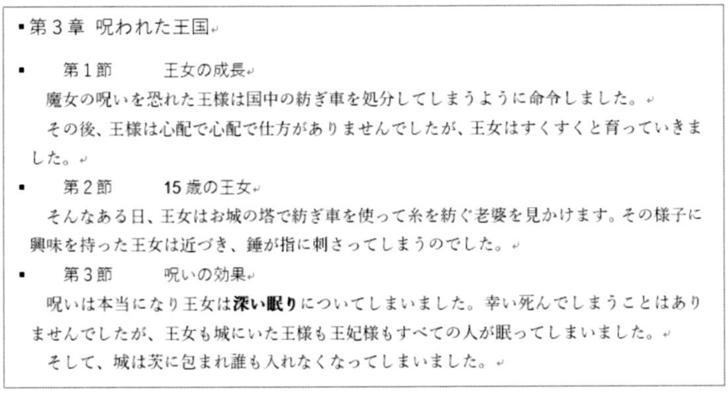

▪第３章 呪われた王国

▪ 第１節 王女の成長
魔女の呪いを恐れた王様は国中の紡ぎ車を処分してしまうように命令しました。
その後、王様は心配で心配で仕方がありませんでしたが、王女はすくすくと育っていきました。
▪ 第２節 15歳の王女
そんなある日、王女はお城の塔で紡ぎ車を使って糸を紡ぐ老婆を見かけます。その様子に興味を持った王女は近づき、錘が指に刺さってしまうのでした。
▪ 第３節 呪いの効果
呪いは本当になり王女は**深い眠り**についてしまいました。幸い死んでしまうことはありませんでしたが、王女も城にいた王様も王妃様もすべての人が眠ってしまいました。
そして、城は茨に包まれ誰も入れなくなってしまいました。

4.5.1. ファイル構成と参照定義

スタイルはパーツとして定義されており独立したファイルになる。本文以外にもヘッダーやフッターなど様々なところから使用するためだ。

スタイルを使用するために作成および修正するファイルは次のとおりだ。

- [Content_Types].xml
- word/document.xml
- word/_rels/document.xml.rels
- word/styles.xml

この中でコンテンツタイプと参照定義の修正は忘れないようにしたい。具体的には、リスト4-13とリスト4-14のとおりだ。

リスト4-13 [Content_Types].xml

```
<?xml version="1.0" encoding="UTF-8" standalone="yes"?>
<Types xmlns="http://schemas.openxmlformats.org/package/2006/content-types">
  ...
  <Override PartName="/word/styles.xml"
     ContentType="application/vnd.openxmlformats-officedocument
                      .wordprocessingml.styles+xml"/>
</Types>
```

リスト4-14 document.xml.rels

```
<?xml version="1.0" encoding="UTF-8" standalone="yes"?>
<Relationships
    xmlns="http://schemas.openxmlformats.org/package/2006/relationships">
  ...
  <Relationship Id="rId2"
    Type="http://purl.oclc.org/ooxml/officeDocument/relationships/styles"
    Target="styles.xml"/>
</Relationships>
```

4.5.1.1. 本文からスタイルへの参照

本文からIdを使用した参照はなく参照定義ファイルに記述されたスタイルのファイル（styles.xml）の内容を暗黙的に使用する。つまり、スタイルを使用する側から参照するファイルは意識せず、スタイルの内容を直接参照して使用する。

4.5.2. スタイルの作成

今回は見出し1と見出し2のスタイルのみを作成する最小構成とするが、スタイルのファイルは大まかに次の内容で構成される。

・ドキュメントの標準スタイル設定（すべての段落で適用）
・段落の標準スタイルの設定
・見出し1の設定
・見出し2の設定
・強調の設定

具体的にはリスト4-15のとおりだ。強調部分はスタイルに直接関係する要素で表5-4にまとめる。

リスト4-15 styles.xml

```
<?xml version="1.0" encoding="UTF-8" standalone="yes"?>
<w:styles xmlns:r="http://purl.oclc.org/ooxml/officeDocument/relationships"
          xmlns:w="http://purl.oclc.org/ooxml/wordprocessingml/main">
  <!-- ドキュメント標準 -->
  <w:docDefaults>
    <w:rPrDefault>
      <w:rPr>
        <w:rFonts w:asciiTheme="minorHAnsi" w:eastAsiaTheme="minorEastAsia"
                  w:hAnsiTheme="minorHAnsi" w:cstheme="minorBidi"/>
        <w:kern w:val="2"/>
        <w:sz w:val="21"/>
        <w:szCs w:val="22"/>
        <w:lang w:val="en-US" w:eastAsia="ja-JP" w:bidi="ar-SA"/>
      </w:rPr>
    </w:rPrDefault>
    <w:pPrDefault/>
  </w:docDefaults>
  <!-- 標準 -->
  <w:style w:type="paragraph" w:default="1" w:styleId="a">
    <w:name w:val="Normal"/>
    <w:pPr>
      <w:jc w:val="both"/>
    </w:pPr>
  </w:style>
  <!-- 見出し1 -->
  <w:style w:type="paragraph" w:styleId="1">
    <w:name w:val="heading 1"/>
    <w:basedOn w:val="a"/>
    <w:next w:val="a"/>
    <w:pPr>
      <w:keepNext/>
      <w:numPr>
```

```
        <w:numId w:val="1"/>
      </w:numPr>
      <w:outlineLvl w:val="0"/>
    </w:pPr>
    <w:rPr>
      <w:rFonts w:asciiTheme="majorHAnsi" w:eastAsiaTheme="majorEastAsia"
                w:hAnsiTheme="majorHAnsi" w:cstheme="majorBidi"/>
      <w:sz w:val="24"/>
      <w:szCs w:val="24"/>
    </w:rPr>
  </w:style>
  <!-- 見出し2 -->
  <w:style w:type="paragraph" w:styleId="2">
    <w:name w:val="heading 2"/>
    <w:basedOn w:val="a"/>
    <w:next w:val="a"/>
    <w:pPr>
      <w:keepNext/>
      <w:numPr>
        <w:ilvl w:val="1"/>
        <w:numId w:val="1"/>
      </w:numPr>
      <w:outlineLvl w:val="1"/>
    </w:pPr>
    <w:rPr>
      <w:rFonts w:asciiTheme="majorHAnsi" w:eastAsiaTheme="majorEastAsia"
                w:hAnsiTheme="majorHAnsi" w:cstheme="majorBidi"/>
    </w:rPr>
  </w:style>
  <!-- 強調 -->
  <w:style w:type="character" w:styleId="10">
    <w:name w:val="Strong"/>
    <w:basedOn w:val="a"/>
    <w:rPr>
      <w:b/>
      <w:bCs/>
    </w:rPr>
  </w:style>
</w:styles>
```

表4-8 スタイルで使用する要素

要素名	説明/属性
styles	スタイルのルート要素：名前空間にはXML Schemeでターゲット指定されている値を指定。詳細な定義は仕様書Part1の「Annex A.(normative)Schemas – W3C XML Schema」か添付の「wml.xsd」を参照
docDefaults	ドキュメント標準プロパティー（Document Default Paragraph and Run Properties）：ドキュメント全体の基準になる設定
rPrDefault	標準ランプロパティー（Default Run Properties）：ドキュメント全体のランの書式を設定
pPrDefault	標準段落プロパティー（Default Paragraph Properties）：ドキュメント全体の段落プロパティーの書式を設定
style	スタイル定義（Style Definition）：個々のスタイルを定義。スタイルの種類だけ定義 ・type（任意） スタイルの型を設定。ST_StyleTypeで定義されている次の値を設定 character：文字 numbering：段落番号 paragraph：段落 table：表 継承している親スタイルと型が不一致した場合、継承は無効になり自分がルートスタイル扱いになる ・default（任意） スタイルタイプごとの標準であるかを設定 0：違う 1：デフォルト スタイルタイプが段落なら段落にスタイルが設定されていない（pStyle要素がない）場合に使用される デフォルトが複数ある場合は最後を使用 ・styleId（任意） スタイルを識別する一意の値を設定
name	名前（Primary Style Name）：スタイルの名称を設定 ・val（必須） スタイルの名称を設定。次の例にあげる名称を設定するとWordの標準スタイルになる Normal heading 1 heading 2　etc
basedOn	親スタイルId（Parent Style ID）：親スタイルのIdを設定。ここで設定したスタイルの内容を継承。継承するスタイルはタイプが一致していなければならない。不一致すると無視する ・val（必須） 親になるスタイルのIdを設定
next	次の段落のスタイルId（Style For Next Paragraph）：Enterなどの入力で次の段落に移行した際に適用するスタイルのIdを設定 ・val（必須） スタイルIdを設定

4.5.2.1. ドキュメントのすべての段落で適用される標準設定

読んだままなのだが、このdocDefaults要素での設定はすべての基準になる。style要素にbasedOn要素がない場合の親スタイルもこの標準設定の影響を受ける。

例えば、多段階で継承されているスタイルがあったとして、その継承過程で一度もフォントサイズが設定されていない場合、標準プロパティーが使用される。逆に一度でも途中で設定していればその内容が使用される。

リスト4-15ではルートになっているスタイルはひとつだが、実際には段落以外の表や段落番号のルートスタイルも定義することになるだろう。そのとき、段落のルートスタイルだけ変更して結果が思ったとおりに反映されない、と頭を悩ませないように注意してほしい。標準プロパティーを修正するか、ルートスタイルのプロパティーを修正するのか、状況に応じて適切な場所を修正してほしい。

4.5.2.2. Word上での設定項目

このサンプルで設定している要素や属性とWordのスタイルの変更ダイアログとの対応状況は図4-16のとおりだ。

図4-16 Word上での設定項目

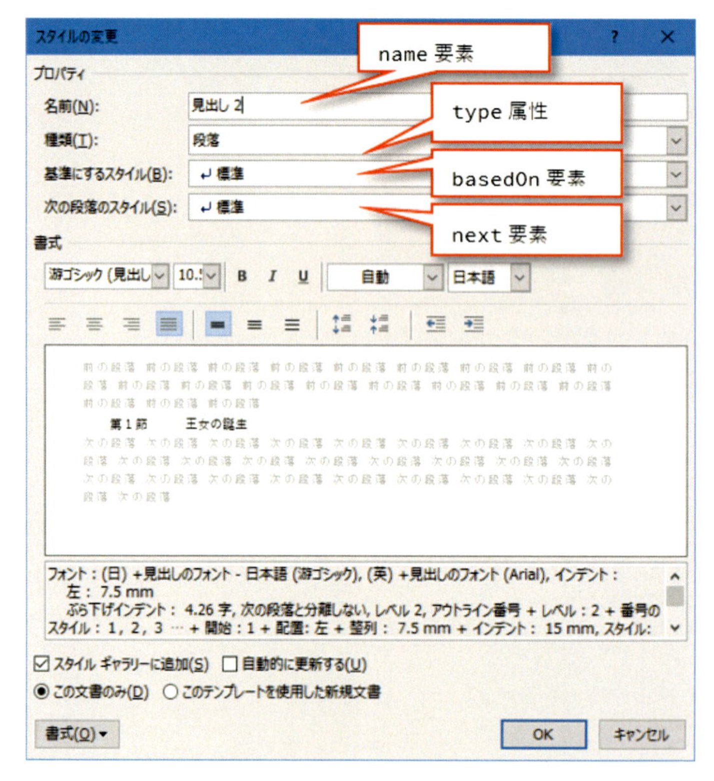

4.5.2.3. スタイルの型

スタイルの型には次の6種類ある。

- 段落スタイル
- 文字スタイル
- リンクスタイル（段落＋文字スタイル）
- 表スタイル
- 段落番号スタイル
- 標準の段落＋文字プロパティー

6つ目の「標準の段落+文字プロパティー」はdocDefaults要素そのもののため、既に解説したとおりだ。

変わって3つ目の「リンクスタイル」はstyle要素のtype属性の設定値には出てこなかった項目だ。これは、独立した段落スタイルと文字スタイルをlink要素によって関連付けるスタイルのことだ。ただ、これは関連付けているだけでは書式設定が共有されたりしないため、rPr要素の内容は同じ状態にしておかないと面倒なことになる。リスト4-16はリンク設定をした例だ。

リスト4-16 リンクスタイルの例

```
<w:style w:type="paragraph"w:styleId="1">
  <w:name w:val="heading 1"/>
  <w:basedOn w:val="a"/>
  <w:next w:val="a"/>
  <w:link w:val="10"/>
  <w:pPr>
    <w:keepNext/>
    <w:numPr>
      <w:numId w:val="1"/>
    </w:numPr>
    <w:outlineLvl w:val="0"/>
  </w:pPr>
  <w:rPr>
    <w:rFonts w:asciiTheme="majorHAnsi" w:eastAsiaTheme="majorEastAsia"
              w:hAnsiTheme="majorHAnsi" w:cstheme="majorBidi"/>
    <w:sz w:val="24"/>
    <w:szCs w:val="24"/>
  </w:rPr>
</w:style>
<w:style w:type="character" w:styleId="10">
  <w:name w:val="heading 1(char)"/>
  <w:basedOn w:val="a"/>
  <w:link w:val="1"/>
  <w:rPr>
    <w:rFonts w:asciiTheme="majorHAnsi" w:eastAsiaTheme="majorEastAsia"
              w:hAnsiTheme="majorHAnsi" w:cstheme="majorBidi"/>
    <w:sz w:val="24"/>
    <w:szCs w:val="24"/>
  </w:rPr>
</w:style>
```

4.5.2.4. スタイルの名前と標準スタイル

Wordでは標準で用意されているスタイルがある。リスト4-15で作成したスタイルは実はすべて標準のスタイルにすり替えられる形で設定している。そのため、図4-17のように見出しの行にカーソルを合わせるとリボンのスタイルの項目で見出し1が選択状態になる。

図4-17 Word標準のスタイルになっているか確認

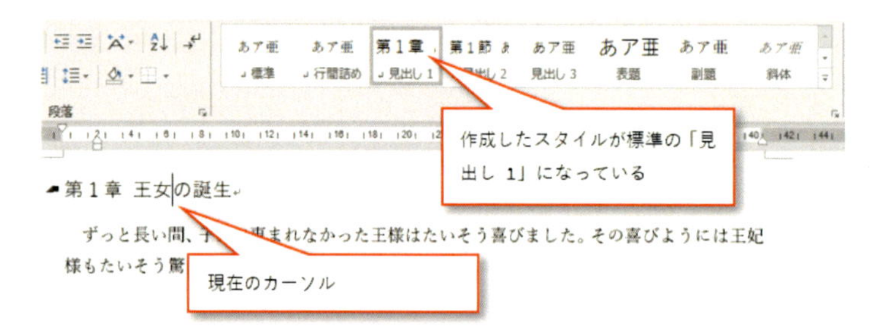

そもそも、何を基準にWordはマッチングをかけているかと言うとname要素とlatentStyles要素である。本書のサンプルではlatentStyles要素を省略しているが、Wordが出力するスタイルファイルにはリスト4-17の強調部分の要素が追加される。

リスト4-17 Wordが出力するstyles.xmlの抜粋

```
<?xml version="1.0" encoding="UTF-8" standalone="yes"?>
<w:styles xmlns:r="http://purl.oclc.org/ooxml/officeDocument/relationships"
          xmlns:w="http://purl.oclc.org/ooxml/wordprocessingml/main">
  <w:docDefaults>
    <w:rPrDefault/>
    <w:pPrDefault/>
  </w:docDefaults>
  <w:latentStyles w:defLockedState="0" w:defUIPriority="99"
                  w:defSemiHidden="0" w:defUnhideWhenUsed="0"
                  w:defQFormat="0" w:count="375">
    <w:lsdException w:name="Normal" w:uiPriority="0" w:qFormat="1"/>
    <w:lsdException w:name="heading 1" w:uiPriority="9" w:qFormat="1"/>
    <w:lsdException w:name="heading 2" w:uiPriority="9" w:qFormat="1"/>
    <w:lsdException w:name="heading 3" w:uiPriority="9" w:qFormat="1"/>
    <w:lsdException w:name="heading 4" w:uiPriority="9" w:qFormat="1"/>
    <w:lsdException w:name="heading 5" w:uiPriority="9" w:qFormat="1"/>
    <w:lsdException w:name="heading 6" w:uiPriority="9" w:qFormat="1"/>
  ...
```

これらは該当ファイルを出力したアプリケーションが把握しているスタイルの一覧となっている。そのためlsdException要素のname属性に設定された名前と一致している名前を独自に作成したスタイルにも設定すると結果的に再定義したことになる。

4.5.3. スタイルの参照方法（使い方）

スタイルの参照は簡単で、pStyle要素もしくはrStyle要素でスタイルidを設定するだけで、リスト4-18とリスト4-19の強調部分のとおりだ。図4-18のような反映結果となる。

リスト4-18 段落スタイルの設定

```
<w:p>
  <w:pPr>
    <w:pStyle w:val="2"/>
  </w:pPr>
  <w:r>
    <w:rPr>
      <w:rFonts w:hint="eastAsia"/>
    </w:rPr>
    <w:t>呪いの効果</w:t>
  </w:r>
</w:p>
```

リスト4-19 文字スタイルの設定

```
<w:p>
  <w:pPr>
    <w:ind w:firstLineChars="100" w:firstLine="10.50pt"/>
  </w:pPr>
  ...
  <w:r>
    <w:rPr>
      <w:rStyle w:val="10"/>
      <w:rFonts w:hint="eastAsia"/>
    </w:rPr>
    <w:t>深い眠り</w:t>
  </w:r>
  ...
</w:p>
```

図4-18 スタイルの反映結果

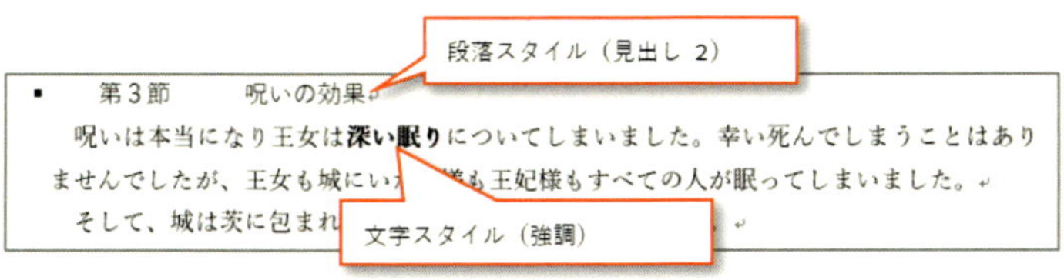

4.5.3.1. 適用するスタイルの選択

段落スタイルは段落に、文字スタイルはランに設定しないと無視される。これはそもそもの書式が段落とランを間違えると効果がないことと同様なため、違和感はないだろう。適切なスタイルのIdを選択して設定してほしい。

4.6. WordprocessingMLにおける描画

ここではWordprocessingMLに図形を埋め込む方法を解説する。個々の図形の描画方法は後述する。

4.6.1. 描画の基本データ構造

ここでは、描画オブジェクトを配置するときのデータ構造について解説する。各要素の具体的な解説は後述するため、ここではこんな要素をこんな構造で使う、と言うところを確認してほしい。

また、具体的な内容に入る前にWordprocessingMLにおける描画オブジェクトの位置決めについて抑えておく。それには次の2種類があり、それらのイメージは図4-19のとおりだ。

・インライン（行内）
・フローティング（文字列の折り返し）

図4-19 描画キャンバスのサンプル

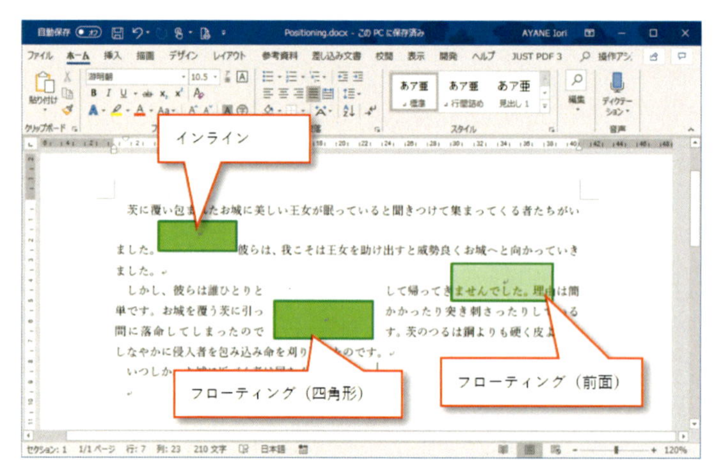

インラインは行内と言うだけあって文字と文字の間にも配置できるし、図形の高さに合わせて行間も自動で調節される。フローティングは、ページ内の任意の場所に配置可能となる。その際、文字列が図形を避けるか、文字列の前後に配置するかの違いがある。

この位置決め（インラインまたはフローティング）の違いに合わせてdocument.xmlでのデータ構造に違いが現れる。それらが描画のお約束となる。具体的にはリスト-4 20とリスト4-21とおりだ（必須の要素もあるが、ここでは一旦省略する）。

リスト4-20 インラインのサンプル（document.xml）

```
<w:p>
  <w:r>
    <w:drawing>
      <wp:inline>
        ...
        <a:graphic>
          <a:graphicData uri="http://...">
            <!-- 図形のいろいろ -->
          </a:graphicData>
        </a:graphic>
      </wp:inline>
    </w:drawing>
  </w:r>
</w:p>
```

リスト4-21 フローティングのサンプル（document.xml）

```
<w:p>
  <w:r>
    <w:drawing>
      <wp:anchor>
        ...
        <a:graphic>
          <a:graphicData uri="http://...">
            <!-- 図形のいろいろ -->
          </a:graphicData>
        </a:graphic>
      </wp:inline>
    </w:drawing>
  </w:r>
</w:p>
```

4.6.1.1. データ構造の違い

要素の使い方の違いはinline要素とanchor要素だけだ。これによってインラインとフローティングが決まる。お約束という意味では、それぞれの要素の配下に位置決めに関わる属性や要素が登場するが、ここではデータ構造を知ってもらう意味で省略している。

4.6.1.2. 描画する内容の決定

drawing要素から始まる描画オブジェクトに表示する内容をgraphicData要素のuri属性で具体的に決定している。後述する描画キャンバスを使用する場合、図形を直接配置する場合、アニメーションするティラノサウルスを配置する場合、と様々だ。具体的には表4-9のようなURIが状況に合わせて登場する。

表4-9 graphicData要素のuri属性の例

内容	URI
描画キャンバス	http://schemas.microsoft.com/office/word/2010/wordprocessingCanvas
図形	http://schemas.microsoft.com/office/word/2010/wordprocessingShape
画像	http://purl.oclc.org/ooxml/drawingml/picture
図表	http://purl.oclc.org/ooxml/drawingml/diagram
グラフ	http://purl.oclc.org/ooxml/drawingml/chart
ロックキャンバス	http://purl.oclc.org/ooxml/drawingml/lockedCanvas
3Dモデル	http://schemas.microsoft.com/office/drawing/2017/model3d

URIに含まれる西暦で3Dモデルがごく最近であることが推測される。他の場面で登場するURIも含めて恐らくMicrosoft内で仕様が提案もしくは決定された時点の年数を入れているようだ。

4.6.1.3. drawing要素の位置

描画領域の配置でトップに存在するdrawing要素だが、インラインでもフローティングでもr要素の中になる。これは、文字と文字の間にも配置できるようにするためだ。少し極端になるが次のようなデータ構造も成立する。

```
<w:p>
  <w:r>
    <w:t>描画の前</w:t>
    <w:drawing>
      ...
    </w:drawing>
    <w:t>描画の後</w:t>
  </w:r>
</w:p>
```

注意が必要な点としては、これはインラインの場合にのみ意味のあるデータ構造であるところだ。フローティングの場合は、データ構造上のanchor要素は位置決めの基準位置でしかないためだ。ただ、位置決め用とは言え段落の中に配置される意味はある。ドキュメントが編集されれば行が増えたり減ったりする。そうなれば、当然段落に引っ張られてdrawing要素の位置もずれ、ページを移動することもある。文章と一緒に図形も動いてほしいこともあるため、r要素の配下に置かれることまでは不要であっても段落の中に配置されることになる。

4.6.2. 描画キャンバス

WordprocessingMLには描画キャンバスと呼ばれるお絵描きをする領域が作成できる。図4-20のように描画キャンバス内に長方形をひとつ配置したファイルをサンプルとして使用する。

この場合のdocument.xmlはリスト4-22のようになる。また、表4-10・表4-11・表4-12の要素を使用する。詳しくは後述するが、MLの分類ごとに表を分けている。

サンプルフォルダー：WordprocessingML\Camvas
出来上がり見本：WordprocessingML\Camvas.docx

図4-20 描画キャンバスのサンプル

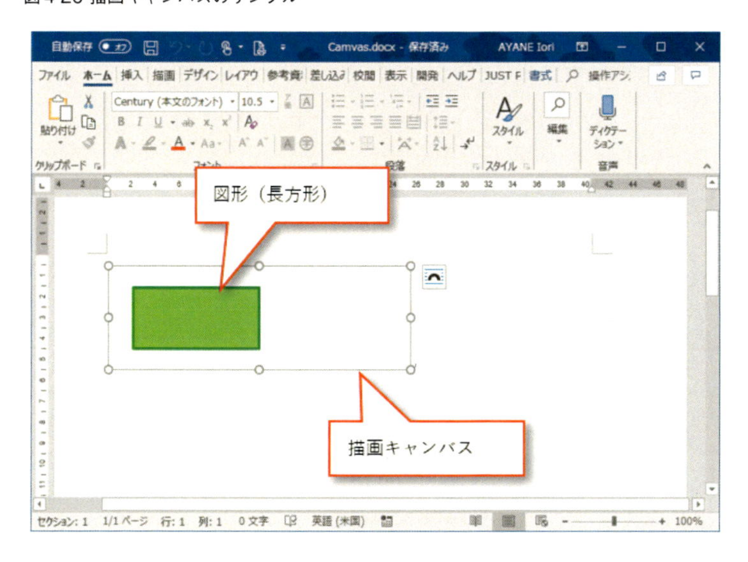

リスト4-22 描画キャンバスのサンプル（document.xml）

```
<?xml version="1.0" encoding="UTF-8" standalone="yes"?>
<w:document
  xmlns:r="http://purl.oclc.org/ooxml/officeDocument/relationships"
  xmlns:w="http://purl.oclc.org/ooxml/wordprocessingml/main"
  xmlns:wp="http://purl.oclc.org/ooxml/drawingml/wordprocessingDrawing"
  xmlns:a="http://purl.oclc.org/ooxml/drawingml/main"
  w:conformance="strict">
  <w:body>
    <w:p>
      <w:r>
        <w:rPr>
          <w:noProof/>
        </w:rPr>
        <w:drawing>
          <wp:inline distT="0" distB="0" distL="0" distR="0">
            <wp:extent cx="3400040" cy="1150235"/>
            <wp:effectExtent l="0" t="0" r="0" b="0"/>
```

```
          <wp:docPr id="1" name="キャンバス 1"/>
          <wp:cNvGraphicFramePr>
            <a:graphicFrameLocks noChangeAspect="1"/>
          </wp:cNvGraphicFramePr>
          <a:graphic>
            <a:graphicData
uri="http://schemas.microsoft.com/office/word/2010/wordprocessingCanvas">
              <wp:wpc>
                <wp:bg/>
                <wp:whole/>
                <!-- 図形 -->
                <wp:wsp>
                  <wp:cNvPr id="2" name="正方形/長方形 2"/>
                  <wp:cNvSpPr/>
                  <!-- 見た目の設定 -->
                  <wp:spPr>
                    <a:xfrm>
                      <a:off x="286247" y="246491"/>
                      <a:ext cx="1407381" cy="667909"/>
                    </a:xfrm>
                    <a:prstGeom prst="rect">
                      <a:avLst/>
                    </a:prstGeom>
                    <a:solidFill>
                      <a:srgbClr val="92D050"/>
                    </a:solidFill>
                    <a:ln w="25400">
                      <a:solidFill>
                        <a:srgbClr val="00B050"/>
                      </a:solidFill>
                    </a:ln>
                  </wp:spPr>
                  <wp:bodyPr/>
                </wp:wsp>
              </wp:wpc>
            </a:graphicData>
          </a:graphic>
        </wp:inline>
      </w:drawing>
    </w:r>
  </w:p>
```

```
    <w:sectPr w:rsidR="00F56060">
      <w:pgSz w:w="595.30pt" w:h="841.90pt"/>
      <w:pgMar w:top="99.25pt" w:right="85.05pt" w:bottom="85.05pt"
               w:left="85.05pt" w:header="42.55pt" w:footer="49.60pt"
               w:gutter="0pt"/>
      <w:cols w:space="21.25pt"/>
      <w:docGrid w:type="lines" w:linePitch="360"/>
    </w:sectPr>
  </w:body>
</w:document>
```

表4-10 描画キャンバスのサンプルで使用する要素（WordprocessingML）

要素名	説明/属性
drawing	描画オブジェクト（DrawingML Object）：図形や画像など描画関連オブジェクトを描画。配下には表4-11の要素を定義

表4-11 描画キャンバスのサンプルで使用する要素（DrawingML - WordprocessingML Drawing）

要素名	説明/属性
inline	インライン描画オブジェクト（Inline DrawingML Object）：この要素の配下は文字列の中に配置するオブジェクトとなる ・distT（任意） 描画領域の上端から文字列までの距離。値はST_WrapDistanceで定義されるEMU値を設定。インラインでは無効 ・distB（任意） 描画領域の下端から文字列までの距離。値はST_WrapDistanceで定義されるEMU値を設定。インラインでは無効 ・distL（任意） 描画領域の左端から文字列までの距離。値はST_WrapDistanceで定義されるEMU値を設定。インラインでは無効 ・distR（任意） 描画領域の右端から文字列までの距離。値はST_WrapDistanceで定義されるEMU値を設定。インラインでは無効
extent	オブジェクトサイズ（Drawing Object Size）：オブジェクトのサイズを絶対値で設定 ・cx（必須） オブジェクトの横幅を設定。ST_PositiveCoordinateで定義されたEMU値を設定 ・cy（必須） オブジェクトの高さを設定。ST_PositiveCoordinateで定義されたEMU値を設定
effectExtent	効果領域サイズ（Object Extents Including Effects）：オブジェクトに設定した効果の範囲サイズ。extent属性に追加すると最終的なサイズになる ・l（任意） 左側の長さを設定。ST_Coordinateで定義されるEMU値を設定 ・t（任意） 上側の長さを設定。ST_Coordinateで定義されるEMU値を設定 ・r（任意） 右側の長さを設定。ST_Coordinateで定義されるEMU値を設定 ・b（任意） 下側の長さを設定。ST_Coordinateで定義されるEMU値を設定
docPr	オブジェクト非視覚的プロパティー（Drawing Object Non-Visual Properties）：オブジェクトの視覚に関わらないプロパティーを設定 ・id（必須） ドキュメント内でオブジェクトを一意に表すidを設定 ・name（必須） オブジェクトの選択と表示で図形一覧に表示される名前を設定
cNvGraphicFramePr	共通オブジェクト非視覚的プロパティー（Common DrawingML Non-Visual Properties）：WordprocessingML向けのDrawingMLではなく共通のDrawingMLのプロパティーを設定
wpc	描画キャンバス（WordprocessingML Drawing Canvas）：描画キャンバスをWordprocessingML内に配置
bg	背景書式（Background Formatting）：描画キャンバスの背景設定。配下にDrawingMLと同じ書式設定のデータ構造を作る。spPr要素の配下と同様
whole	効果書式（Whole E2O Formatting）：描画キャンバスの効果設定。配下にDrawingMLと同じ書式設定のデータ構造を作る。spPr要素の配下と同様
wsp	図形（WordprocessingML Shape）：長方形や楕円などの図形のひとつずつを構成する要素を配下に定義
cNvPr	非視覚的プロパティー（Non-Visual Drawing Properties）：視覚的に影響しないプロパティーの設定 ・id（必須） 描画キャンバス内で一意に表すidを設定 ・name（必須） オブジェクトの選択と表示で図形一覧に表示される名前を設定
cNvSpPr	図形非視覚的プロパティー（Non-Visual Drawing Properties for a Shape）：図形の形状の扱い方について設定。配下にspLocks要素などを配置
spPr	図形プロパティー（Shape Properties）：図形の色や線や効果などの設定。配下に関連要素を配置
bodyPr	本文プロパティー（Body Properties）：図形内の文字列に関連する設定。パディングなど

表4-12 描画キャンバスのサンプルで使用する要素（DrawingML - Main）

要素名	説明/属性
graphicFrameLocks	描画ロック設定（Graphic Frame Locks）：ドキュメントを保存するアプリケーションが次に開くときに変更されたくない項目を設定 ・noChangeAspect（任意） 縦横比を固定するかの設定
graphic	描画オブジェクト（Graphic Object）：描画オブジェクトを配置するときに使用する要素
graphicData	描画オブジェクトのデータ（Graphic Object Data）：描画オブジェクトを識別する要素 uri（必須） graphicData要素配下のデータ構造を識別するためのuriを設定
xfrm	2D変形（2D Transform for Individual Objects）：要素の変形についての設定。属性でフリップと回転、子要素で移動と拡縮が可能
off	オフセット（Offset）：図形の左上の位置を設定 ・x（必須） x座標方向の値。EMU値かST_UniversalMeasureで定義された単位付きの値が設定可能。 単位付きのときの書式：-?[0-9]+(\.[0-9]+)?(mm|cm|in|pt|pc|pi) ・y（必須） y座標方向の値。設定できる値はxと同様
ext	サイズ（Extents）：図形の領域を示す長方形のサイズを設定。拡大縮小されている場合はその結果の値を設定 ・cx（必須） 幅。EMU値が設定可能 ・cy（必須） 高さ。EMU値が設定可能
prstGeom	プリセット形状（Preset geometry）：図形の形状を設定 ・prst（必須） 図形の形状をST_ShapeTypeで定義された値を設定（抜粋） arc：弧 rect：長方形 curvedConnector2：コネクタ曲線 donut：ドーナツ
avLst	調整値一覧（List of Shape Adjust Values）：図形の形を調整する値の一覧を配下に設定
solidFill	べた塗り（Solid Fill）：対象を塗りつぶす設定。配下にいくつかの色指定要素を選択して設定
srgbClr	RGB色（RGB Color Model）：RGBで色を設定 ・val（必須） RGBカラーを16進数で設定
ln	枠線（Outline）：図形の枠線の設定。配下にいくつかの色指定要素などを選択して設定 ・w（任意） 線の幅を設定。ST_LineWidthで定義されたEMU値を設定 例：1pt=12700EMU

4.6.2.1. 名前空間の違い

WordprocessingMLで図形を取り扱うには3種類の機能に所属する要素を使用する。そのため、名前空間も3つに分かれている。大まかにはWordprocessingMLとして描画オブジェクトを配置するときに使用するdrawing要素、DrawingMLとして図形などの描画で使用するinline要素以下の2種類となる。しかし、DrawingMLはWordprocessingMLとSpreadsheetMLとPresentationMLの3つから共通で使用される。そこで、色の設定や線の設定など共通のものを除いて、それぞれのMLから使用するときに特有の要素をDrawingMLの中でも分類しているのだ。

DrawingMLの名前空間としては次のようにわかりやすいuriになっている。

```
<?xml version="1.0" encoding="UTF-8" standalone="yes"?>
<w:document
  xmlns:r="http://purl.oclc.org/ooxml/officeDocument/relationships"
  xmlns:w="http://purl.oclc.org/ooxml/wordprocessingml/main"
  xmlns:wp="http://purl.oclc.org/ooxml/drawingml/wordprocessingDrawing"
  xmlns:a="http://purl.oclc.org/ooxml/drawingml/main"
  w:conformance="strict">
  ...
```

それぞれの名前空間に関連する仕様は次の章に記述されている。

- a：「20.1 DrawingML - Main」
- wp：「20.4 DrawingML - WordprocessingML Drawing」

4.6.2.2. 背景と効果

描画キャンバスはデフォルトで透明の領域だが、背景や枠線の設定ももちろんできる。実際に背景をいれた例は次のとおりだ。

```
            <a:graphic>
              <a:graphicData uri="http:// ... /wordprocessingCanvas">
                <wp:wpc>
                  <wp:bg>
                    <a:solidFill>
                      <a:srgbClr val="92D050"/>
                    </a:solidFill>
                  </wp:bg>
                  <wp:whole/>
                  <!-- 図形 -->
                  <wp:wsp>
```

4.6.2.3. Idの一意性

特定の描画キャンバスや図形を扱いやすくするため、docPr要素やcNvPr要素におけるidは一意であることを要求される。しかし、Wordはある程度までなら重複している状態でも自動で振り直して開いてくれる。仕様書には重複すると不適格なファイルであると書かれているが、スキーマ定義違反ではないからかエラーにはせず気を利かせてくれるようだ。

当然であるが、WordprocessingMLを生成するようなアプリケーションでWordの気づかいを期待してidを重複させてはいけない。

4.6.2.4. 色などの設定

このサンプルでは図形の色や線に関する設定をspPr要素で行った。これはWordで色や線に関わる設定を個別で直接行った結果と同様だ。それとは別の方法としてWordにはスタイルが用意されている。具体的には次のようにstyle要素を使用する。

```
<wp:wsp>
  <wp:cNvPr id="2" name="正方形/長方形 2"/>
  <wp:cNvSpPr/>
  <!-- 見た目の設定 -->
  <wp:spPr>
    <a:xfrm>
      <a:off x="286247" y="246491"/>
      <a:ext cx="1407381" cy="667909"/>
    </a:xfrm>
    <a:prstGeom prst="rect">
      <a:avLst/>
    </a:prstGeom>
  </wp:spPr>
  <wp:style>
    <a:lnRef idx="2">
      <a:schemeClr val="accent1">
        <a:shade val="50%"/>
      </a:schemeClr>
    </a:lnRef>
    <a:fillRef idx="1">
      <a:schemeClr val="accent1"/>
    </a:fillRef>
    <a:effectRef idx="0">
      <a:schemeClr val="accent1"/>
    </a:effectRef>
    <a:fontRef idx="minor">
      <a:schemeClr val="lt1"/>
    </a:fontRef>
  </wp:style>
  <wp:bodyPr/>
</wp:wsp>
```

ここでは具体的な色などの情報はテーマから取得している。テーマから情報を取得する方法についての詳細は「5.2テーマ」で解説する。

4.6.3. 図形の直接埋め込み（インライン）

図形を直接配置する方法について解説する。図4-21のように長方形を直接本文に配置する。

この場合のdocument.xmlはリスト4-23のようになる。描画キャンバスのときと比べて新しい要素はない。

サンプルフォルダー：WordprocessingML\ShapeInline
出来上がり見本：WordprocessingML\ShapeInline.docx

図4-21 図形の直接埋め込みのサンプル

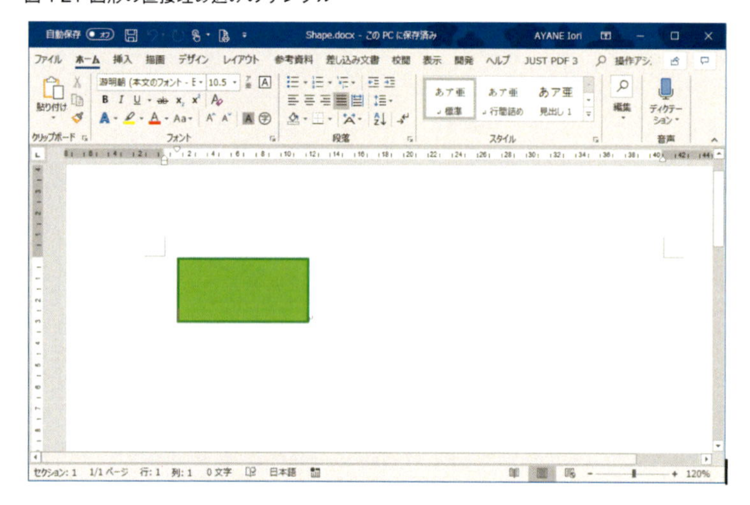

リスト4-23 図形の直接埋め込みのサンプル（document.xml）

```
<?xml version="1.0" encoding="UTF-8" standalone="yes"?>
<w:document
  xmlns:r="http://purl.oclc.org/ooxml/officeDocument/relationships"
  xmlns:w="http://purl.oclc.org/ooxml/wordprocessingml/main"
  xmlns:wp="http://purl.oclc.org/ooxml/drawingml/wordprocessingDrawing"
  xmlns:a="http://purl.oclc.org/ooxml/drawingml/main"
  w:conformance="strict">
  <w:body>
    <w:p>
      <w:r>
        <w:rPr>
          <w:noProof/>
        </w:rPr>
        <w:drawing>
          <wp:inline distT="0" distB="0" distL="0" distR="0">
            <wp:extent cx="1407160" cy="667385"/>
```

```
        <wp:effectExtent l="0" t="0" r="0" b="0"/>
        <wp:docPr id="1" name="正方形/長方形 1"/>
        <wp:cNvGraphicFramePr/>
        <a:graphic>
          <a:graphicData uri="http://schemas.microsoft.com/office/word
                                        /2010/wordprocessingShape">
            <!-- 図形 -->
            <wp:wsp>
              <wp:cNvSpPr/>
              <!-- 見た目の設定 -->
              <wp:spPr>
                <a:xfrm>
                  <a:off x="0" y="0"/>
                  <a:ext cx="1407160" cy="667385"/>
                </a:xfrm>
                <a:prstGeom prst="rect">
                  <a:avLst/>
                </a:prstGeom>
                <a:solidFill>
                  <a:srgbClr val="92D050"/>
                </a:solidFill>
                <a:ln w="25400">
                  <a:solidFill>
                    <a:srgbClr val="00B050"/>
                  </a:solidFill>
                </a:ln>
              </wp:spPr>
              <wp:bodyPr/>
            </wp:wsp>
          </a:graphicData>
        </a:graphic>
      </wp:inline>
    </w:drawing>
  </w:r>
</w:p>
<w:sectPr w:rsidR="00F56060">
  <w:pgSz w:w="595.30pt" w:h="841.90pt"/>
  <w:pgMar w:top="99.25pt" w:right="85.05pt" w:bottom="85.05pt"
          w:left="85.05pt" w:header="42.55pt" w:footer="49.60pt"
          w:gutter="0pt"/>
  <w:cols w:space="21.25pt"/>
```

```
      <w:docGrid w:type="lines" w:linePitch="360"/>
    </w:sectPr>
  </w:body>
</w:document>
```

4.6.3.1. データ構成の違い

描画キャンバスのときはgraphicData要素の直下に特殊なグループ化を行う要素であるwpc要素を配置して複数のwsp要素をまとめられるようにしていた。逆に直接埋め込む場合はwsp要素をひとつだけgraphicData要素の直下に配置する。

wsp要素より下に違いはない。

4.6.4. 図形の直接埋め込み（フローティング）

描画キャンバスを使用しても、使用しなくても描画領域の位置決め方法は、前述したとおり大きく分けて次の2種類である。

・インライン（行内）
・フローティング（文字列の折り返し）

4.6.2と4.6.3のサンプルはどちらもインラインでの配置だった。ここでは、フローティングのサンプルを使用する。具体的には図4-22のように段落の中に長方形をひとつ配置する。この場合のdocument.xmlはリスト4-24のようになる。描画に関連する要素の説明は表4-13のとおりだ。描画キャンバスと共通の要素は省略する。

サンプルフォルダー：WordprocessingML\ShapeFloating
出来上がり見本：WordprocessingML\ShapeFloating.docx

図 4-22 図形の直接埋め込みのサンプル

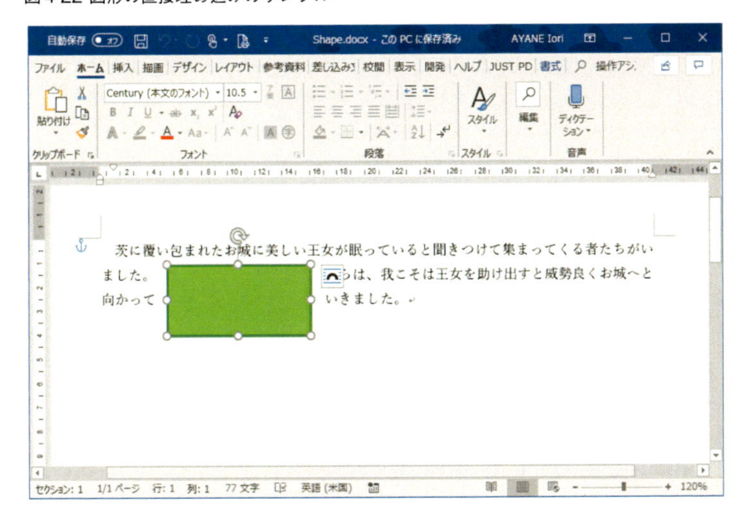

リスト 4-24 図形の直接埋め込みのサンプル（document.xml）

```
<?xml version="1.0" encoding="UTF-8" standalone="yes"?>
<w:document
  xmlns:r="http://purl.oclc.org/ooxml/officeDocument/relationships"
  xmlns:w="http://purl.oclc.org/ooxml/wordprocessingml/main"
  xmlns:wp="http://purl.oclc.org/ooxml/drawingml/wordprocessingDrawing"
  xmlns:a="http://purl.oclc.org/ooxml/drawingml/main"
  w:conformance="strict">
  <w:body>
    <w:p>
      <w:pPr>
        <w:ind w:firstLineChars="100"/>
      </w:pPr>
      <w:r>
        <w:rPr>
          <w:noProof/>
        </w:rPr>
        <w:drawing>
          <wp:anchor distT="0" distB="0" distL="114300" distR="114300"
                     simplePos="0" relativeHeight="251659264" behindDoc="0"
                     locked="0" layoutInCell="1" allowOverlap="1" >
            <wp:simplePos x="0" y="0"/>
            <wp:positionH relativeFrom="column">
              <wp:posOffset>653415</wp:posOffset>
            </wp:positionH>
            <wp:positionV relativeFrom="paragraph">
```

```
          <wp:posOffset>254000</wp:posOffset>
        </wp:positionV>
        <wp:extent cx="1407160" cy="667385"/>
        <wp:effectExtent l="0" t="0" r="0" b="0"/>
        <wp:wrapSquare wrapText="bothSides"/>
        <wp:docPr id="1" name="正方形/長方形 1"/>
        <wp:cNvGraphicFramePr/>
        <a:graphic>
          <a:graphicData uri="http://schemas.microsoft.com/office/word
                                /2010/wordprocessingShape">
            <!-- 図形 -->
            <wp:wsp>
              <wp:cNvSpPr/>
              <!-- 見た目の設定 -->
              <wp:spPr>
                <a:xfrm>
                  <a:off x="0" y="0"/>
                  <a:ext cx="1407160" cy="667385"/>
                </a:xfrm>
                <a:prstGeom prst="rect">
                  <a:avLst/>
                </a:prstGeom>
                <a:solidFill>
                  <a:srgbClr val="92D050"/>
                </a:solidFill>
                <a:ln w="25400">
                  <a:solidFill>
                    <a:srgbClr val="00B050"/>
                  </a:solidFill>
                </a:ln>
              </wp:spPr>
              <wp:bodyPr/>
            </wp:wsp>
          </a:graphicData>
        </a:graphic>
      </wp:anchor>
    </w:drawing>
  </w:r>
  <w:r>
    <w:t>茨に覆い包まれたお城に美しい王女が眠っていると聞きつけて集まってくる者たちがいました。彼らは、我こそは王女を助け出すと威勢良くお城へと向かっていきました。</w:t>
```

```
      </w:r>
    </w:p>
    <w:sectPr w:rsidR="00F56060">
      <w:pgSz w:w="595.30pt" w:h="841.90pt"/>
      <w:pgMar w:top="99.25pt" w:right="85.05pt" w:bottom="85.05pt"
               w:left="85.05pt" w:header="42.55pt" w:footer="49.60pt"
               w:gutter="0pt"/>
      <w:cols w:space="21.25pt"/>
      <w:docGrid w:type="lines" w:linePitch="360"/>
    </w:sectPr>
  </w:body>
</w:document>
```

表4-13-1 図形の直接埋め込みのサンプルで使用する要素(1)

要素名	説明/属性
anchor	アンカー描画オブジェクト（Anchor for Floating DrawingML Object）：この要素の配下は文字列の中に配置するオブジェクトとなる。任意の位置に配置し、文字列の折り返し位置も調整可能 ・distT（任意） 描画領域の上端から文字列までの距離。値はST_WrapDistanceで定義されるEMU値を設定 ・distB（任意） 描画領域の下端から文字列までの距離。値はST_WrapDistanceで定義されるEMU値を設定 ・distL（任意） 描画領域の左端から文字列までの距離。値はST_WrapDistanceで定義されるEMU値を設定 distR（任意） 描画領域の右端から文字列までの距離。値はST_WrapDistanceで定義されるEMU値を設定 simplePos（必須） 子供のsimplePos要素を使用して配置をするかを設定 0：使用しない 1：使用する ・relativeHeight（必須） フローティング設定のオブジェクト同士のZオーダーを設定。小さい値ほど前面に配置される。直接の比較はbehindDoc属性が同じ値どおしで行う 正数を設定 ・behindDoc（必須） 任意の位置に配置できる設定（wrapSqure要素などがないとき） 0：レイアウトオプションの文字の折り返し設定で「前面」 1：レイアウトオプションの文字の折り返し設定で「背面」 ・locked（必須） アンカーの位置を固定するかの設定 0：固定しない（オブジェクトをドラッグすると連動して動く） 1：固定する ・layoutInCell（必須） 表のセル内における動作を設定 0：表の中に配置されなくなる 1：表のセルに配置される（Wordではこちら固定） ・allowOverlap（必須） 他のDrawingMLの描画オブジェクトと重ねあわせを許可するかを設定 0：重ねない 1：重ねる

表4-13-2 図形の直接埋め込みのサンプルで使用する要素(2)

要素名	説明/属性
simplePos	簡易配置（Simple Positioning Coordinates）：anchor要素のsimplePos属性が1のとき、ページの左上を基準に絶対位置で場所を設定 ・x（必須） x座標を設定。ST_Coordinateで定義される値を設定。EMU値か単位付きの10進数 y（必須） y座標を設定。ST_Coordinateで定義される値を設定。EMU値か単位付きの10進数
position	横位置（Horizontal Positioning）：横位置を配下の要素と合わせて設定 ・relativeFrom（必須） 横位置の基準を設定。ST_RelFromHで定義されている次の値を設定（抜粋） column：段（n段組の左側） margin：余白 page：ページのふち
posOffset	オフセット値（Absolute Position Offset）：長さをEMU値で設定
positionV	縦位置（Vertical Positioning）：縦方向の位置を配下の要素と合わせて設定 ・relativeFrom（必須） 縦位置の基準を設定。ST_RelFromVで定義されている次の値を設定（抜粋） line：行 margin：余白 paragraph：段落
wrapSquare	折り返し四角形（Square Wrapping）：レイアウトオプションで文字列の折り返しで四角形を示す wrapText（必須） 文字列の折り返し設定。ST_WrapTextで定義された値を設定 bothSides：両側 largest：広い側 left：左側 right：右側

4.6.4.1. 図形の位置決め

フローティングのときの位置決め方法はsimplePos要素を使用した絶対位置とpositionH要素・positionV要素を使用した相対位置になる。文字列の折り返し方法は後述するのでひとまず頭の隅に追いやってほしい。別の問題となる。

まず、絶対位置はシンプルでわかりやすいが、Wordで少しでも図形を動かして保存すると相対位置の設定に変換されてしまう。また、アンカーのある段落が別のページに移動すると図形が見えなくなって操作不能になる。

相対位置はいくつかある基準位置から選択し場所を決定する。注意点としては奇数ページと偶数ページで基準位置が変化する。例えば、positionH要素・positionV要素のrelativeFrom属性に「insideMargin（余白）」を設定した場合を紹介する。それぞれの配下のposOffset要素を0にしたときの表示位置は図4-23と図4-24のようになる。

図4-23 余白を基準にしたときの表示位置（奇数ページ）

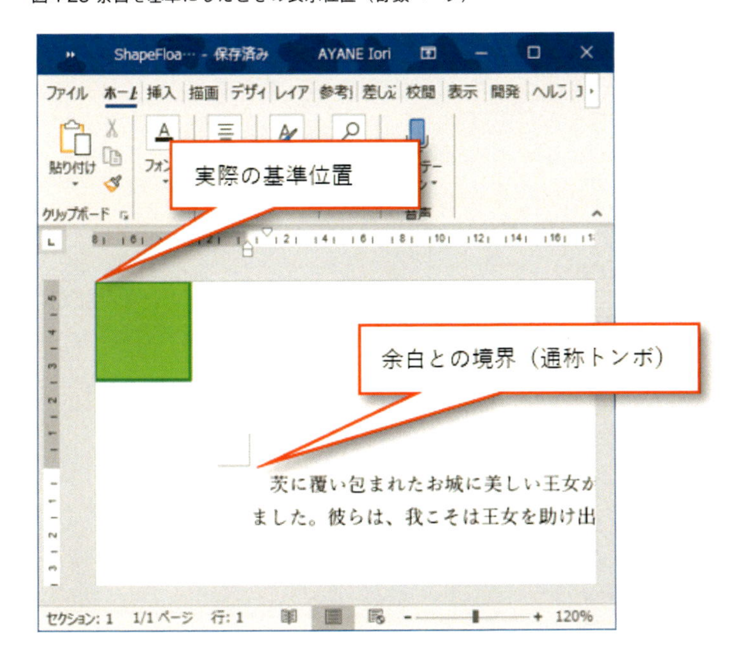

図4-24 余白を基準にしたときの表示位置（偶数ページ）

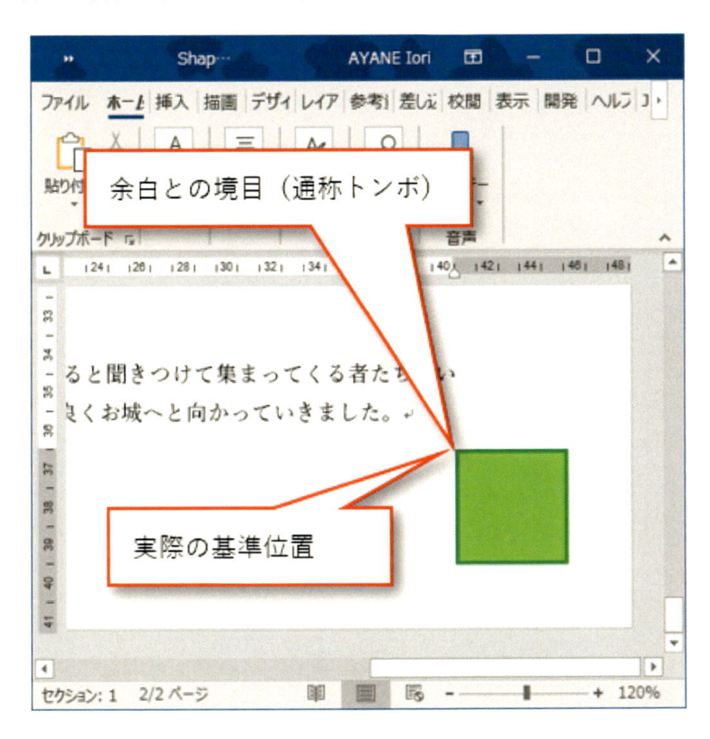

奇数ページは左上が基準になり、偶数ページは右下のトンボの位置が基準になる（トンボが図形

と重なって分かりづらいがルーラーが参考にできる)。

基準位置が左上か右下かも混乱しやすいが、「余白」を基準にしているはずなのに奇数ページは用紙の角が基準になっていることに注意が必要だ。他の設定値も似たような状況のため、具体的にどのような位置になるかは確認して使うようにしてほしい。

4.6.4.2. 文字列との関係

フローティングの場合は任意の位置に図形を配置できるため、配置された図形に対して文字列をどのように処理するかも設定できる。Wordの設定ダイアログ(図4-25)では、一緒くたに選択肢として並んでいるが、OOXMLでは複数の要素を組み合わせる。

図4-25 文字列の折り返し設定ダイアログ

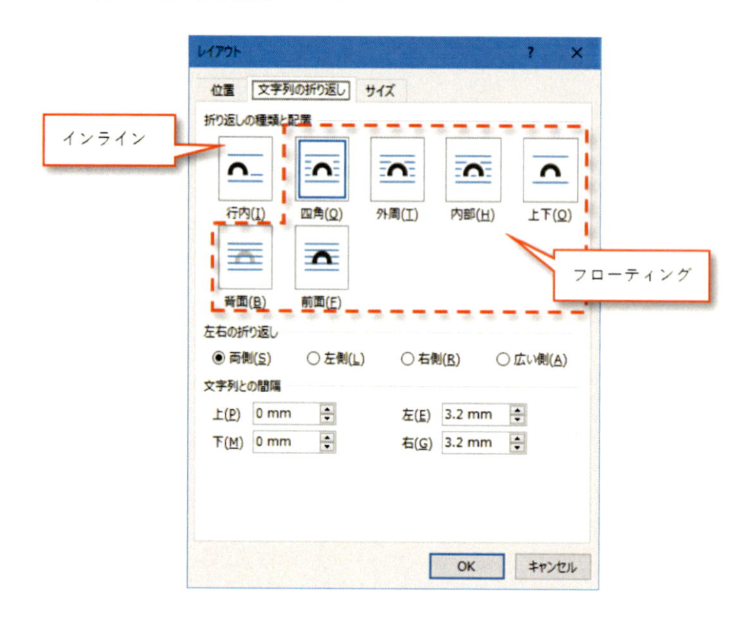

まず、インラインかフローティングかでinline要素とanchor要素を使い分ける。そして、四角・外周・内部・上下はwrapSquare要素ほか、wrapHogeな名称の要素が担当する。Wordのダイアログもよく見ると半分の弧に対して文字列を示す青い線の場所が異なっており、どのように文字列が折り返すかを示している。外周や内部はwrapPolygon要素を使用して図形の形に合わせて領域を設定している。

また、文字を図形に合わせて折り返しせずに前面・背面に表示する設定はanchor要素のbehindDoc属性を使用する。

このようにWordでまとめられた選択項目とOOXMLでの設定方法が一致するとは限らない。それほど複雑な組み合わせではないが気をつけたいところだ。

4.6.5. 図形に文字列の埋め込み

ここではフローティングのサンプルをベースに使用して、図4-26のように図形の真ん中に文字列を追加する方法を解説する。

サンプルフォルダー：WordprocessingML\ShapeFloatingWithText
出来上がり見本：WordprocessingML\ShapeFloatingWithText.docx

図4-26 図形に文字列の埋め込みのサンプル

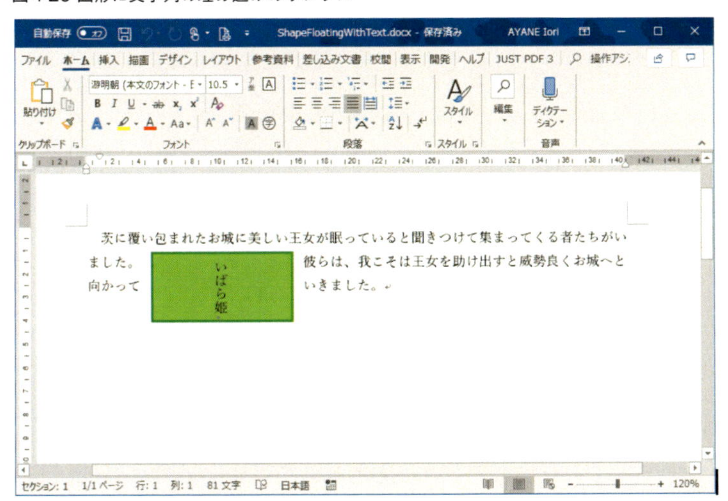

リスト4-25 図形に文字列の埋め込みのサンプル（document.xml）

```
<?xml version="1.0" encoding="UTF-8" standalone="yes"?>
<w:document
  xmlns:r="http://purl.oclc.org/ooxml/officeDocument/relationships"
  xmlns:w="http://purl.oclc.org/ooxml/wordprocessingml/main"
  xmlns:wp="http://purl.oclc.org/ooxml/drawingml/wordprocessingDrawing"
  xmlns:a="http://purl.oclc.org/ooxml/drawingml/main"
  xmlns:wne="http://schemas.microsoft.com/office/word/2006/wordml"
  xmlns:mc="http://schemas.openxmlformats.org/markup-compatibility/2006"
  mc:Ignorable="wne"
  w:conformance="strict">
  <w:body>
    <w:p>
      <w:pPr>
        <w:ind w:firstLineChars="100"/>
      </w:pPr>
      <w:r>
        <w:rPr>
          <w:noProof/>
        </w:rPr>
        <w:drawing>
```

```
<wp:anchor distT="0" distB="0" distL="114300" distR="114300"
           simplePos="0" relativeHeight="251659264" behindDoc="0"
           locked="0" layoutInCell="1" allowOverlap="1" >
  <wp:simplePos x="0" y="0"/>
  <wp:positionH relativeFrom="column">
    <wp:posOffset>653415</wp:posOffset>
  </wp:positionH>
  <wp:positionV relativeFrom="paragraph">
    <wp:posOffset>254000</wp:posOffset>
  </wp:positionV>
  <wp:extent cx="1407160" cy="667385"/>
  <wp:effectExtent l="0" t="0" r="0" b="0"/>
  <wp:wrapSquare wrapText="bothSides"/>
  <wp:docPr id="1" name="正方形/長方形 1"/>
  <wp:cNvGraphicFramePr/>
  <a:graphic>
    <a:graphicData uri="http://schemas.microsoft.com/office/word
                          /2010/wordprocessingShape">
      <!-- 図形 -->
      <wp:wsp>
        <wp:cNvSpPr/>
        <!-- 見た目の設定 -->
        <wp:spPr>
          ...
        </wp:spPr>
        <!-- 文字列の設定 -->
        <wp:txbx>
          <wne:txbxContent>
            <w:p>
              <w:pPr>
                <w:jc w:val="center"/>
              </w:pPr>
              <w:r>
                <w:rPr>
                  <w:rFonts w:hint="eastAsia"/>
                </w:rPr>
                <w:t>いばら姫</w:t>
              </w:r>
            </w:p>
          </wne:txbxContent>
        </wp:txbx>
```

```
                    <wp:bodyPr anchor="ctr"
                               tIns="45720" bIns="45720"
                               lIns="91440" rIns="91440"
                               vert="eaVert"/>
                  </wp:wsp>
                </a:graphicData>
              </a:graphic>
            </wp:anchor>
          </w:drawing>
        </w:r>
      ...
    </w:body>
</w:document>
```

表4-14 図形に文字列の埋め込みのサンプルで使用する要素

要素名	説明/属性
txbx	図形の文字列（Textual contents of shape）：図形内に文字列を配置
txbxContent	文字列コンテナ（Rich Text Box Content Container）：WordprocessingMLで定義された書式付きの文字列を格納するための要素。ただし、コメント・脚注・相互参照などリンクは入れられない
bodyPr	本文プロパティー（Body Properties）：図形に設定された文字列（txbx要素）のプロパティーを設定。文字列の配置やパディングなどが属性で設定可能 ・anchor（任意）　図形内での文字列の位置を設定。ST_TextAnchoringTypeで定義された次の値が設定可能（抜粋） b（Bottom）：下合わせ ctr（Center）：上下中央合わせ t（Top）：上合わせ（デフォルト） ・tIns（任意）　図形の上パディング。ST_Coordinate32で定義された値を設定。EMU値か国際単位付きの値。省略されると45720EMUもしくは1インチ ・bIns（任意）　図形の下パディング。ST_Coordinate32で定義された値を設定。EMU値か国際単位付きの値。省略されると45720EMUもしくは1インチ ・lIns（任意）　図形の左パディング。ST_Coordinate32で定義された値を設定。EMU値か国際単位付きの値。省略されると91440EMUもしくは1インチ ・rIns（任意）　図形の右パディング。ST_Coordinate32で定義された値を設定。EMU値か国際単位付きの値。省略されると91440EMUもしくは1インチ ・vert（任意）　縦書きの方法の設定。次のST_TextVerticalTypeで定義された値を設定（抜粋） eaVert：東アジアフォントの縦書き horz：横書き（デフォルト） vert：横書きを右90度回転 vert270：

4.6.5.1. 文字列のプロパティーと領域のプロパティー

文字列自体に設定するプロパティーと領域に対するプロパティーは違うことに注意してほしい。Wordを使用している方であれば、設定項目によって使用するリボンのタブがことなること知っているだろう。例えば、文字列の左寄せや中央寄せはリボンのホームだが、上下の位置合わせはリボンの図形ツールの書式で行う。これは、OOXMLでの要素の役割分担に影響している。

リスト4-25では次のような要素構成になっていた。

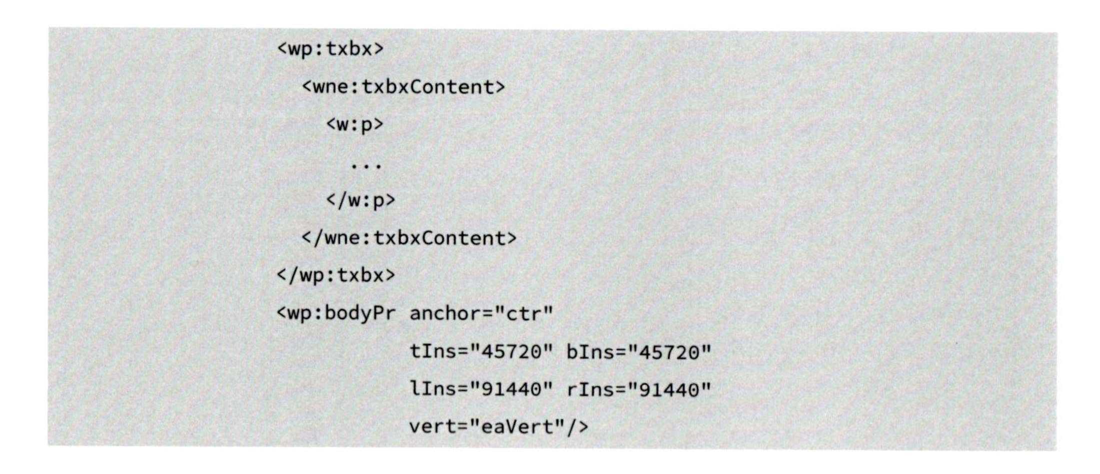

```
<wp:txbx>
  <wne:txbxContent>
    <w:p>
      ...
    </w:p>
  </wne:txbxContent>
</wp:txbx>
<wp:bodyPr anchor="ctr"
           tIns="45720" bIns="45720"
           lIns="91440" rIns="91440"
           vert="eaVert"/>
```

WordprocessingMLで図形に文字列を埋め込む場合、txbxContent要素の配下はWordprocessingMLの要素が基本的に使用可能だ。つまり、本文とほぼ同様の書式設定が可能となっており、ユーザーが設定を変更するときもリボンのホームを使用する。あくまでも段落だからだ。

変わって、bodyPr要素は図形の中に配置された文字列全体（領域）に対するプロパティーだ。文字列の上下位置は図形に対して文字列の領域をどの位置に配置するかであるため、bodyPr要素で設定することになる。WordprocessingMLの段落には外の要素に対する設定はないためだ。また、文字列がどのような領域を使って良いかを決められるのも外側にいるbodyPr要素ということだ。イメージとして図4-27のような役割分担となる。

図4-27 図形に文字列を埋め込んだときの分担

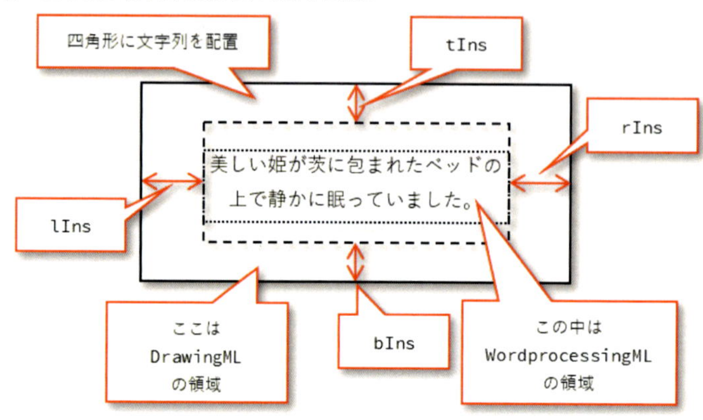

ちなみに、tIns属性などで設定できる領域はあくまでも文字列の配置可能領域のことだ。横方向は常に配置可能領域いっぱいになるが、縦方向は文字列の分量しだいになる。よって、上下方向の

寄せ設定が効果を発揮する。

4.6.5.2. 名前空間

リスト4-25の内容はWordが出力する内容に合わせている。理由は名前空間で次のようになっているためだ。

```
<?xml version="1.0" encoding="UTF-8" standalone="yes"?>
<w:document
  xmlns:r="http://purl.oclc.org/ooxml/officeDocument/relationships"
  xmlns:w="http://purl.oclc.org/ooxml/wordprocessingml/main"
  xmlns:wp="http://purl.oclc.org/ooxml/drawingml/wordprocessingDrawing"
  xmlns:a="http://purl.oclc.org/ooxml/drawingml/main"
  xmlns:wne="http://schemas.microsoft.com/office/word/2006/wordml"
  xmlns:mc="http://schemas.openxmlformats.org/markup-compatibility/2006"
  mc:Ignorable="wne"
  w:conformance="strict">
...
```

強調部分を見ると「mc:Ignorable="wne"」という記述がある。詳細は「6.2無視できる機能」で解説するが、タイトルのとおりで指定された名前空間の機能に対応していなければ無視しても良いと示されている。つまり、文字列については無視して表示しなくても良いことになる。そして、プリフィックスがwneの名前空間のuriは「http://schemas.microsoft.com/～」の形式でStrictの範囲のものではないことが推測できる（仕様書内では見つからない）。

なお、次のようにwneのところをwpに修正するとWordとしてエラー扱いはしないが文字列の部分が無視される。

```
          <wp:txbx>
            <wp:txbxContent>
              <w:p>
                <w:pPr>
                  <w:jc w:val="center"/>
                </w:pPr>
                <w:r>
                  <w:rPr>
                    <w:rFonts w:hint="eastAsia"/>
                  </w:rPr>
                  <w:t>いばら姫</w:t>
                </w:r>
              </w:p>
            </wp:txbxContent>
          </wp:txbx>
```

4.6.6. 画像の直接埋め込み

画像の埋め込みも基本的には図形と同じ要領になるため、フローティングのサンプルをベースに図4-28のように本文中に画像を埋め込む方法を解説する。

サンプルフォルダー：WordprocessingML\Picture
出来上がり見本：WordprocessingML\Picture.docx

図4-28 画像の直接埋め込みのサンプル

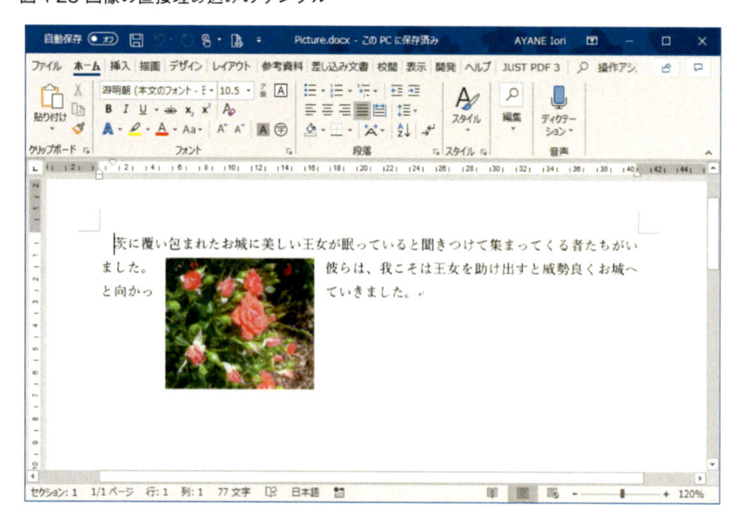

4.6.6.1. 画像ファイルの追加

サンプルでは次のパスでファイルを追加する。

word\media\image1.jpeg

Wordでは画像などのマルチメディア関連のファイルはこのようにmediaフォルダーにまとめて保存する。

4.6.6.2. コンテンツファイルの修正

ファイルを追加したらコンテンツファイルの修正が必要だ。ただし、今回はOOXMLとして特定の役割を持ったファイルではないため、リスト4-26の強調部分のようにDefault要素で拡張子に対する設定のみを行う。

リスト4-26 画像ファイルを追加したときのコンテンツファイル（[Content_Types].xml）

```
<?xml version="1.0" encoding="UTF-8" standalone="yes"?>
<Types xmlns="http://schemas.openxmlformats.org/package/2006/content-types">
  <Default Extension="rels"
```

```
        ContentType="application/vnd.openxmlformats-package.relationships+xml"/>
  <Default Extension="xml" ContentType="application/xml"/>
  <Default Extension="jpeg" ContentType="image/jpeg"/>
  <Override PartName="/word/document.xml"
        ContentType="application/vnd.openxmlformats-officedocument
                        .wordprocessingml.document.main+xml"/>
  <Override PartName="/word/styles.xml"
        ContentType="application/vnd.openxmlformats-officedocument
                        .wordprocessingml.styles+xml"/>
  ...
</Types>
```

4.6.6.3. 参照定義ファイルの修正

追加した画像ファイルはdocument.xmlから参照できるように参照定義ファイルをリスト4-27の強調部分のように修正する。

リスト4-27 画像ファイルを追加したときの参照定義ファイル（/word/_rels/document.xml.rels）

```
<?xml version="1.0" encoding="UTF-8" standalone="yes"?>
<Relationships
       xmlns="http://schemas.openxmlformats.org/package/2006/relationships">
  <Relationship Id="rId1"
   Type="http://purl.oclc.org/ooxml/officeDocument/relationships/styles"
   Target="styles.xml"/>
  <Relationship Id="rId2"
   Type="http://purl.oclc.org/ooxml/officeDocument/relationships/settings"
   Target="settings.xml"/>
  <Relationship Id="rId3"
   Type="http://purl.oclc.org/ooxml/officeDocument/relationships/webSettings"
   Target="webSettings.xml"/>
  <Relationship Id="rId4"
   Type="http://purl.oclc.org/ooxml/officeDocument/relationships/fontTable"
   Target="fontTable.xml"/>
  <Relationship Id="rId5"
   Type="http://purl.oclc.org/ooxml/officeDocument/relationships/theme"
   Target="theme/theme1.xml"/>
  <Relationship Id="rId6"
   Type="http://purl.oclc.org/ooxml/officeDocument/relationships/image"
   Target="media/image1.jpeg"/>
</Relationships>
```

4.6.6.4. 本文の修正

本文の修正はリスト4-28のとおりで、画像特有の要素を追加している。位置決めに関わる部分はDrawingMLの共通部分の機能を使っており基本は図形と同じだ。新しく登場する要素は表4-15と表4-16のとおりだ。これまでに登場した要素と同じ名称のものもあるが、厳密には別物もある。

リスト4-28 画像を直接埋め込みしたときの本文（/word/document.xml）

```
<?xml version="1.0" encoding="UTF-8" standalone="yes"?>
<w:document
  xmlns:r="http://purl.oclc.org/ooxml/officeDocument/relationships"
  xmlns:w="http://purl.oclc.org/ooxml/wordprocessingml/main"
  xmlns:wp="http://purl.oclc.org/ooxml/drawingml/wordprocessingDrawing"
  xmlns:a="http://purl.oclc.org/ooxml/drawingml/main"
  xmlns:pic="http://purl.oclc.org/ooxml/drawingml/picture"
  w:conformance="strict">
  <w:body>
    <w:p>
      <w:pPr>
        <w:ind w:firstLineChars="100"/>
      </w:pPr>
      <w:r>
        <w:rPr>
          <w:noProof/>
        </w:rPr>
        <w:drawing>
          <wp:anchor distT="0" distB="0" distL="114300" distR="114300"
                     simplePos="0" relativeHeight="251659264" behindDoc="0"
                     locked="0" layoutInCell="1" allowOverlap="1" >
            <wp:simplePos x="0" y="0"/>
            <wp:positionH relativeFrom="column">
              <wp:posOffset>653415</wp:posOffset>
            </wp:positionH>
            <wp:positionV relativeFrom="paragraph">
              <wp:posOffset>254000</wp:posOffset>
            </wp:positionV>
            <wp:extent cx="1502206" cy="1281846"/>
            <wp:effectExtent l="0" t="0" r="0" b="0"/>
            <wp:wrapSquare wrapText="bothSides"/>
            <wp:docPr id="1" name="図1"/>
            <wp:cNvGraphicFramePr>
              <a:graphicFrameLocks noChangeAspect="1"/>
            </wp:cNvGraphicFramePr>
```

```
          <a:graphic>
            <a:graphicData
                uri="http://purl.oclc.org/ooxml/drawingml/picture">
              <!-- 図形 -->
              <pic:pic>
                <pic:nvPicPr>
                  <pic:cNvPr id="0" name="Picture 1"/>
                  <pic:cNvPicPr>
                    <a:picLocks noChangeAspect="1" noChangeArrowheads="1"/>
                  </pic:cNvPicPr>
                </pic:nvPicPr>
                <pic:blipFill>
                  <a:blip r:embed="rId6" cstate="print"/>
                  <a:srcRect/>
                  <a:stretch>
                    <a:fillRect/>
                  </a:stretch>
                </pic:blipFill>
                <pic:spPr bwMode="auto">
                  <a:xfrm>
                    <a:off x="0" y="0"/>
                    <a:ext cx="1502206" cy="1281846"/>
                  </a:xfrm>
                  <a:prstGeom prst="rect">
                    <a:avLst/>
                  </a:prstGeom>
                  <a:noFill/>
                  <a:ln>
                    <a:noFill/>
                  </a:ln>
                </pic:spPr>
              </pic:pic>
            </a:graphicData>
          </a:graphic>
        </wp:anchor>
      </w:drawing>
    </w:r>
    <w:r>
      <w:t>茨に覆い包まれたお城に美しい王女が眠っていると聞きつけて集まってくる者たちがいました。彼らは、我こそは王女を助け出すと威勢良くお城へと向かっていきました。</w:t>
    </w:r>
```

```
    </w:p>
    <w:sectPr w:rsidR="00F56060">
      <w:pgSz w:w="595.30pt" w:h="841.90pt"/>
      <w:pgMar w:top="99.25pt" w:right="85.05pt" w:bottom="85.05pt"
               w:left="85.05pt" w:header="42.55pt" w:footer="49.60pt"
               w:gutter="0pt"/>
      <w:cols w:space="21.25pt"/>
      <w:docGrid w:type="lines" w:linePitch="360"/>
    </w:sectPr>
  </w:body>
</w:document>
```

表4-15画像を直接埋め込みしたときに使用する要素（DrawingML - Picture）

要素名	説明/属性
pic	画像（Picture）：画像を配置する要素
nvPicPr	非視覚的画像プロパティー（Non-Visual Picture Properties）：画像に関連する視覚的に影響しないプロパティーをとりまとめる要素
cNvPr	非視覚的プロパティー（Non-Visual Drawing Properties）：視覚的に影響しないプロパティーの設定 ・id（必須）　描画キャンバス内で一意に表すidを設定 ・name（必須）　オブジェクトの選択と表示で図形一覧に表示される名前を設定
cNvPicPr	非視覚的画像描画プロパティー（Non-Visual Picture Drawing Properties）：画像に関連する視覚的に影響しないプロパティーを設定
blipFill	画像描画（Picture Fill）：画像の描画に関連する要素をとりまとめる
spPr	図形プロパティー（Shape Properties）：図形の色や線や効果などの設定。配下に関連要素を配置 ・bwMode（任意）　画像を白黒2値モードで描画していることを保存するアプリケーションが指定。参照している画像が2値データであるかは保証されないし、この属性で読み込むアプリケーションの挙動に影響はしない。次のST_BlackWhiteModeで定義される値を設定（抜粋） auto：任意 gray：グレースケール black：白黒

表4-16 画像を直接埋め込みしたときに使用する要素（DrawingML - WordprocessingML）

要素名	説明/属性
blip	ブリップ（Blip）：描画する画像への参照を設定 ・r:embed　参照定義ファイルでのIdを設定 ・cstate　画像が圧縮しているかを設定。保存するアプリケーションが圧縮したという記録でしかない。ST_BlipCompressionで定義された次の値を設定 none：無圧縮 hqprint：HD画質 print：印刷用 screen： Web用 email：電子メール用
picLocks	画像のロック設定（Picture Locks）：画像を操作する際に変更してはいけない項目を設定 ・noChangeAspect（任意）　アスペクト比を変更させない設定 ・noChangeArrowheads（任意）　コネクタの矢印の自動変更をさせない設定
srcRect	ソース矩形（Source Rectangle）：元画像の描画範囲を四隅からのオフセットで設定 ・b（任意）　下からのオフセットをST_Percentageで定義された百分率で設定 ・l（任意）　左からのオフセットをST_Percentageで定義された百分率で設定 ・r（任意）　右からのオフセットをST_Percentageで定義された百分率で設定 ・t（任意） 上からのオフセットをST_Percentageで定義された百分率で設定
stretch	ストレッチ（Stretch）：領域サイズと画像のサイズが食い違ったときに引き延ばしすることを設定
fillRect	描画矩形（Fill Rectangle）：対象としている図形に対してどの領域に画像を描画するかを四隅からのオフセットで設定 ・b（任意）　下からのオフセットをST_Percentageで定義された百分率で設定 ・l（任意）　左からのオフセットをST_Percentageで定義された百分率で設定 ・r（任意）　右からのオフセットをST_Percentageで定義された百分率で設定 ・t（任意）　上からのオフセットをST_Percentageで定義された百分率で設定

名前空間

画像を直接埋め込む場合は、graphicData要素以下に画像用に分類されるDrawingMLを使用するため、次のリストの強調部分の名前空間を設定する。

```
<?xml version="1.0" encoding="UTF-8" standalone="yes"?>
<w:document
  xmlns:r="http://purl.oclc.org/ooxml/officeDocument/relationships"
  xmlns:w="http://purl.oclc.org/ooxml/wordprocessingml/main"
  xmlns:wp="http://purl.oclc.org/ooxml/drawingml/wordprocessingDrawing"
  xmlns:a="http://purl.oclc.org/ooxml/drawingml/main"
  xmlns:pic="http://purl.oclc.org/ooxml/drawingml/picture"
  w:conformance="strict">
    ...
</w:document>
```

graphicData要素のuri

graphicData要素の配下に画像用の要素を使用するときはuri属性の変更を忘れないようにしたい。uri属性の値は名前空間の設定と同じものを使用する。

サイズ設定

画像を直接埋め込む場合、サイズにかかわる要素がふたつ存在する。次の強調部分だ。

```
<wp:anchor distT="0" distB="0" distL="114300" distR="114300"
           simplePos="0" relativeHeight="251659264" behindDoc="0"
           locked="0" layoutInCell="1" allowOverlap="1" >
  ...
  <wp:extent cx="1502206" cy="1281846"/>
  ...
  <a:graphic>
    <a:graphicData uri="http://purl.oclc.org/ooxml/drawingml/picture">
      <!-- 図形 -->
      <pic:pic>
        ...
        <pic:spPr bwMode="auto">
          <a:xfrm>
            <a:off x="0" y="0"/>
            <a:ext cx="1502206" cy="1281846"/>
          </a:xfrm>
          ...
        </pic:spPr>
      </pic:pic>
    </a:graphicData>
  </a:graphic>
</wp:anchor>
```

ひとつ目のextent要素は描画キャンバスを使用しないで図形の埋め込みをした場合と同様で、ふたつ目のext要素は描画キャンバスを使用した場合と同様だ。画像の場合は両方を併用する。

これは、extent要素で埋め込みしているオブジェクト（今回は画像）としての領域を確保し、xfrm要素（off要素とext要素）で画像を張り付ける先の領域を設定している。そのため、xfrm要素の配下を次のように書き換えると図4-29のようになる（ちなみに、751103は当初の1502206の半分である）。

```
        <pic:spPr bwMode="auto">
          <a:xfrm>
            <a:off x="751103" y="0"/>
            <a:ext cx="751103" cy="1281846"/>
          </a:xfrm>
          ...
```

```
                </pic:spPr>
```

図4-29 xfrm要素を調整した結果の例

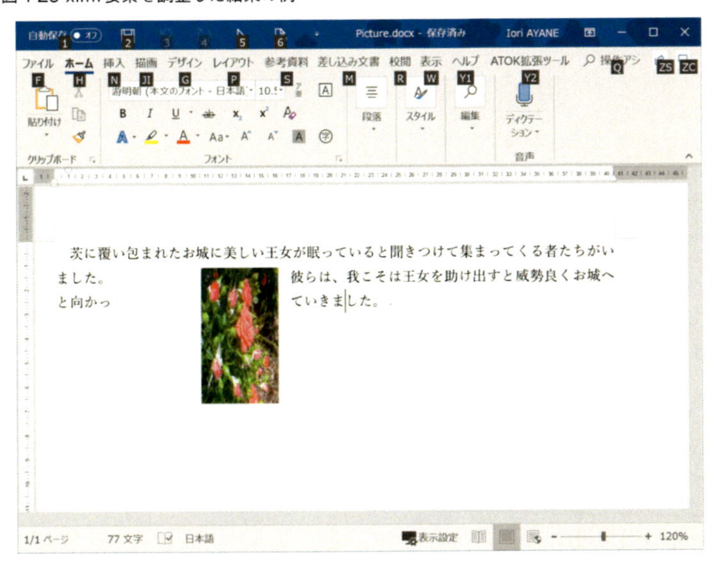

このように、画像の貼り付け先の横幅が半分になり、表示位置が右側によった状態になる。文字列との関係で領域自体は当初と同じ範囲が確保されていることがわかる。

画像の参照

長方形に貼り付ける画像に関連する情報はblipFill要素の配下で定義する。具体的な画像ファイルへの参照は次のとおりblip要素のembed属性にて行う。

```
                <pic:blipFill>
                  <a:blip r:embed="rId6" cstate="print"/>
                  <a:srcRect/>
                </pic:blipFill>
```

このembed属性に設定されている値は参照定義ファイルで設定されているIdだ。参照の流れは図4-30のとおりだ。

図4-30 画像ファイルの参照の流れ

効果を使ったグレースケール化

表4-15でspPr要素のbwMode属性の値はドキュメントを保存したアプリケーションが設定する記録であるとしているが、実際に表示に影響のある情報は何かを解説する。

繰り返しになるが元の画像についての情報はblipFill要素の配下で行う。次のようにblip要素の配下にgrayscl要素を置くと読み込むアプリケーションはグレースケールにする効果を適用する。

```
<pic:blipFill>
  <a:blip r:embed="rId6" cstate="print">
    <a:grayscl/>
  <a:srcRect/>
</pic:blipFill>
```

4.6.6.5. 画像を描画キャンバスに置いたら

描画キャンバスを使用した場合のデータ構造を覚えているだろうか。描画キャンバスを使用する場合は、wpc要素の配下にひとつひとつの図形を表すwsp要素を配置していた。このwsp要素の並びにpic要素の構造を配置するだけだ。次の、強調部分のようになる。

```
<a:graphic>
  <a:graphicData uri="http://schemas.microsoft.com/office/word
                        /2010/wordprocessingCanvas">
    <wp:wpc>
      <!-- 図形1 -->
```

```
            <wp:wsp>
              ...
            </wp:wsp>
            <!-- 図形2 -->
            <wp:wsp>
              ...
            </wp:wsp>
            <!-- 画像1 -->
            <pic:pic>
              ...
            </pic:pic>
            ...
          </wp:wpc>
        </a:graphicData>
      </a:graphic>
```

画像を描画キャンバスに置いた場合のサンプルを「4.6.2描画キャンバス」のサンプルをベースに作成してある。参考にしてほしい。

サンプルフォルダー：WordprocessingML\PictureInCamvas
出来上がり見本：WordprocessingML\PictureInCamvas.docx

第5章 描画（DrawingML）

本章では図形などの描画関連を担当するDrawingMLについて解説する。DrawingMLはワードプロセッサ・スプレッドシート・プレゼンテーションのすべてから参照される共通機能となる。

5.1. 単位と特殊な数値の扱い

OOXML内では基本的に誤差を防止するために座標などの数値を整数で管理している。そこで、代表的な情報をまとめる。

5.1.1. 長さ（English Metric Unit）

長さの単位としてEMUが次のとおり定義されている。

$$1emu = \frac{1}{914400} US\ inch = \frac{1}{360000} cm$$

これは、ヤード・ポンド法とメートル法のどちらにも変換できるように考案された単位だ。ドキュメントを使用する環境に合わせて変換して使用する。

5.1.2. 角度

角度は60000倍した値で記述する。使用するときは、1/60000をかける。時計回りの方向を正とする。ST_Angleで定義される。
基本的にOOXMLではラジアンは使用しない。スプレッドシートの関数の結果くらいだ。

5.1.3. ポイント

フォントサイズなどで使用するポイントは20倍した値を記述する。具体的にはST_TwipsMeasure (Measurement in Twentieths of a Point)で定義されている。
他の単位との換算も含めて次のとおりだ。

720 twentieths of a point = 36 point = 0.5 inch = 12.7mm

補足情報：1pt=12700EMU

5.1.4. 百分率

百分率は10進数と%記号で記述する。正規表現では「-?[0-9]+(\.[0-9]+)?%」となる。ST_Percentageで定義されている。

なお、Transitionalでは1000倍した整数値で記述できる仕様が追加されている。使用する場合は1/1000を掛ける。

5.2. テーマ

テーマとは色や塗りつぶし方法などの定義を本来のコンテンツから切り離すことで、コンテンツ自体の外観を簡単に切り替えられるようにする仕組みだ。図5-1はPowerPointの例でテーマ以外の部分も変更されているが、テーマの変更によって外観に変化がおきることを示している。

図 5-1 テーマ選択

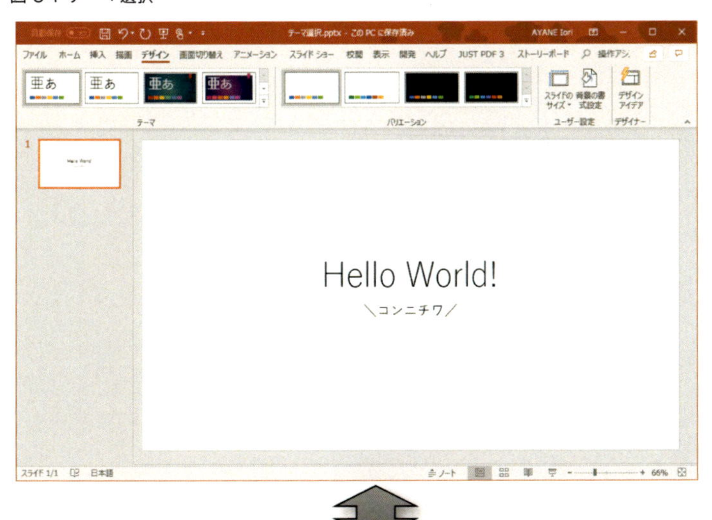

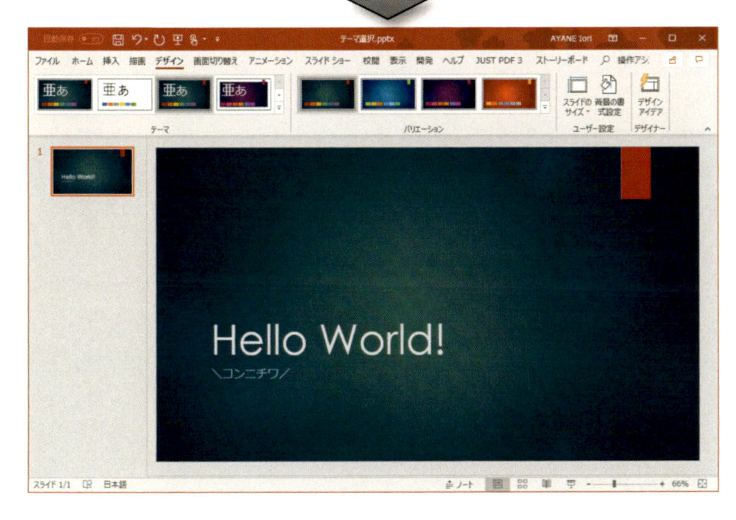

5.2.1. テーマで定義する情報

テーマでは次の3種類の情報を定義する。WordprocessingMLであればtheme.xmlの内容だ。

- 色（clrScheme要素）
- フォント（fontScheme要素）
- 外観（fmtScheme要素）

まず、色は表5-1の項目を定義する。それらのGUIとの関連付けは図5-2のとおりだ。なお、ハイパーリンク関連はハイパーリンクの設定をしたときに使用される項目でGUIでの色の選択には含まれない。

表5-1 テーマで定義する情報（色）

スタイル名	要素
暗い色1	dk1
明るい色1	lt1
暗い色2	dk2
明るい色2	lt2
アクセント1	accent1
アクセント2	accent2
アクセント3	accent3
アクセント4	accent4
アクセント5	accent5
アクセント6	accent6
ハイパーリンク	hlink
アクセスしたハイパーリンク	folHlink

図 5-2 GUI でのテーマの色の割り当て

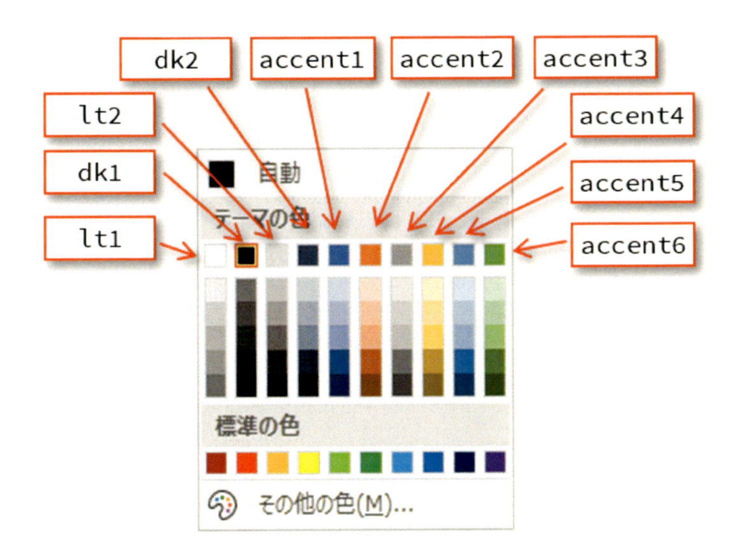

フォントの定義はユーザーの言語設定に合わせて選択可能にする。項目としては表 5-2のとおりだ。GUI との関連付けは図 5-3のようになる。

表 5-2 テーマで定義する情報（フォント）

スタイル名	要素
メジャーフォント	majorFont
マイナーフォント	minorFont

図 5-3 GUI でのテーマのフォントの割り当て

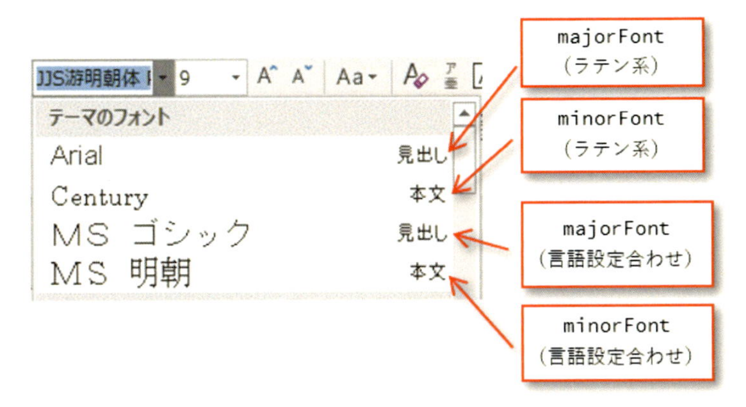

外観について表 5-3の項目を定義する。

表 5-3 テーマで定義する情報（外観）

スタイル名	要素	説明
塗りつぶし	fillStyleLst	べた塗り、グラデーションなどの塗り方や色などを定義
線	lnStyleLst	実線、破線などの線種や色などを定義
エフェクト	effectStyleLst	影・反射などの効果を定義
背景用塗りつぶし	bgFillStyleLst	べた塗り、グラデーションなどの塗り方や色などを定義

5.2.1.1. 色の定義方法

色の設定方法には複数存在し、MS Officeの出力するテーマファイルではリスト 5-1のようなふたつの要素が使用される。その他の要素も含めると表 5-4のとおりだ

リスト 5-1 テーマの色定義（例）

```
<a:clrScheme name="Office">
  <a:dk1>
    <a:sysClr lastClr="000000" val="windowText"/>
  </a:dk1>
  <a:lt1>
    <a:srgbClr val="44546A"/>
  </a:lt1>
  ...
</a:clrScheme>
```

表5-4 色の定義で使用する要素

要素名	説明/属性
scrgbClr	RGBカラーモデル（RGB Color Model - Percentage Variant）：RGBの色をパーセントで設定 ・b（必須）　青色成分をパーセントで設定　例：33.3% ・g（必須）　緑色成分をパーセントで設定（他、青と同様） ・r（必須）　赤色成分をパーセントで設定（他、青と同様）
srgbClr	RGBカラーモデル（RGB Color Model）：RGBで色を設定 ・val（必須）　RGBを16進数で設定。RRGGBBの6桁
hslClr	HSLカラーモデル（Hue, Saturation, Luminance Color Model）：HSLで色を設定 ・hue（必須）　色相を角度で設定。ST_PositiveFixedAngleで定義される1/60000(deg)の値を設定 例：360（deg）なら21600000 ・lum（必須）　輝度をパーセントで設定。ST_Percentageで定義される値 0%：黒 100%：白 ・sat（必須） 彩度をパーセントで設定 0%：グレー 100%：色相で設定した色そのもの
sysClr	システムカラー（System Color）：OSで予め定義されている色を設定 ・lastClr（任意）　前回の値。RRGGBBの6桁の16進数で設定 ・val（必須）　システムカラーを選択するための名前を設定。次のST_SystemColorValで定義された名前を選択（抜粋） background：デスクトップの背景色 captionText：見出しなどのフォント色 window：ウインドウの背景色 windowText：ウインドウのフォント色
prstClr	プリセット色（Preset Color）：予め定義されている色名で設定 ・val（必須）　色の名前を設定。次のST_PresetColorValで定義されているものを使用（抜粋） aliceBlue（240,248,255） black（0,0,0） darkOrange（255,140,0） gold（255,215,0） white（255,255,255） 他、多数

色の補正について

表5-4に示した要素単体では、決まった色しか表現できないが、それぞれの要素には色を補正（明るくしたり、暗くしたり）する要素を配下に設定できる。これにより、グラデーションを作成するときに基準の色に対して明るい色から暗い色への変化などを簡単に作成できるようになる。

5.2.1.2. フォントの定義方法

フォントの定義は、見出し用（majorFont要素以下）と本文用（minorFont要素以下）の2セットをリスト5-2のように行う。

リスト5-2 テーマのフォント定義（例）

```
<a:fontScheme name="Office">
  <a:majorFont>
    <a:latin typeface="Arial"/>
    <a:ea typeface=""/>
    <a:cs typeface=""/>
    <a:font typeface="游ゴシック Light" script="Jpan"/>
  </a:majorFont>
  <a:minorFont>
    <a:latin typeface="Century"/>
    <a:ea typeface=""/>
    <a:cs typeface=""/>
    <a:font typeface="游ゴシック" script="Jpan"/>
  </a:minorFont>
</a:fontScheme>
```

この設定の結果は、図5-4のように反映される。日本語ドキュメントでの使用を前提とするならこの内容で十分だろう。日本語フォントはお好みで選択してほしい。

図5-4 テーマのフォントの設定結果（例）

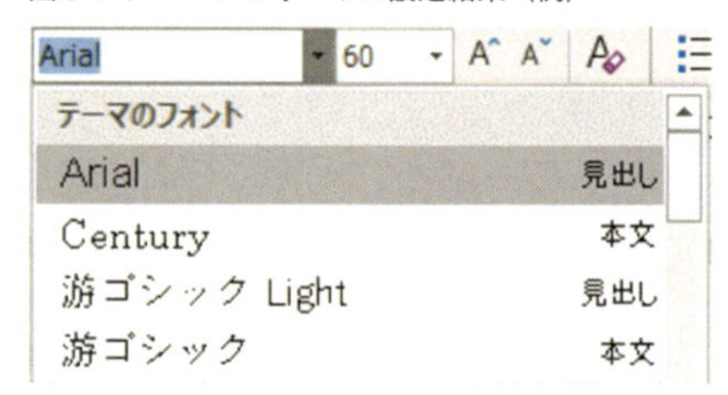

使用する要素は表5-5のとおりだ。

表5-5 フォントの定義で使用する要素

要素名	説明/属性
latin	ラテンフォント：ラテン系文字向けのフォント設定 ・typeface（必須） フォント名を設定
ea	東アジアフォント（East Asian Font）：東アジア向けのフォント設定 ・typeface（必須） フォント名を設定
cs	複雑なスクリプトフォント（Complex Script Font）：フォントのレンダリングで複雑な処理をするとき（双方向レンダリングなど）のフォント設定 ・typeface（必須） フォント名を設定
font	フォント（Font）：任意の言語やスクリプトで使用するフォントの設定 ・script（必須） フォントが使用されるスクリプトか言語を設定。ISO 15924で定義された略称を設定（抜粋） Grek：ギリシャ文字 Hira：ひらがな Jpan：日本語（漢字＋ひらがな＋カタカナ） Runr：ルーン文字 typeface（必須） フォント名

フォント定義の要素の使い方

実際にMS Officeで保存したファイルを確認するとテーマではリスト 5-2と同様にea要素とcs要素は使用していない。少なくとも日本語環境では必須項目のため配置されているだけだ。本書では省略しているが、font要素を使用して30程度の言語で個別の定義があるためだろう。

5.2.1.3. 外観の定義方法

外観は表 5-1で示した4つの要素（fillStyleLst、lnStyleLst、effectStyleLst、bgFillStyleLst）を用いる。それぞれ配下に塗りつぶしなら塗りつぶしの方法（べた塗り、グラデーション）を定義する。

塗りつぶしを例にするとリスト 5-3のように定義する。

リスト5-3 テーマの塗りつぶしの定義（例）

```
<a:fmtScheme name="Office">
  <a:fillStyleLst>
    <!-- ひとつ目 -->
    <a:solidFill>
      <a:schemeClr val="phClr"/>
    </a:solidFill>
    <!-- ふたつ目 -->
    <a:gradFill rotWithShape="1">
      <a:gsLst>
        <a:gs pos="0%">
          <a:schemeClr val="phClr">
            <a:lumMod val="110%"/>
            <a:satMod val="105%"/>
            <a:tint val="67%"/>
```

```
          </a:schemeClr>
        </a:gs>
        <a:gs pos="50%">
          <a:schemeClr val="phClr">
            <a:lumMod val="105%"/>
            <a:satMod val="103%"/>
            <a:tint val="73%"/>
          </a:schemeClr>
        </a:gs>
        <a:gs pos="100%">
          <a:schemeClr val="phClr">
            <a:lumMod val="105%"/>
            <a:satMod val="109%"/>
            <a:tint val="81%"/>
          </a:schemeClr>
        </a:gs>
      </a:gsLst>
      <a:lin ang="5400000" scaled="0"/>
    </a:gradFill>
  </a:fillStyleLst>
</a:fmtScheme>
```

使用する要素は表5-6のとおりだ。なお、色補正要素（lumMod、satMod、tint）については後述する。

表5-6 塗りつぶしの定義で使用する要素

要素名	説明/属性
solidFill	べた塗り（Solid Fill）：対象を塗りつぶす設定
schemeClr	スキーマ定義色（Preset Color）：予め定義された色を設定 ・val（必須） テーマで定義された色を選択する設定。次のST_SchemeColorValで定義された属性名を設定（抜粋） phClr：設定されている値（詳細は後述）
gradFill	グラデーション（Gradient Fill）：グラデーションで塗りつぶす設定。色の変化などの設定を配下に定義 ・rotWithShape（任意） グラデーションが図形自体の回転に連動するかを設定 0：連動しない 1：連動する
gsLst	グラデーションの分岐ポイント一覧（Gradient Stop List）：配下にグラデーションの分岐ポイントを複数定義
gs	グラデーション分岐点（Gradient stops）：分岐点の色の設定を配下に定義 ・pos（必須） 図形に対してどの位置の設定かをパーセントで設定。 0%～100%の値が設定可能
lin	線形グラデーション（Linear Gradient Fill）：グラデーションの角度と拡縮への追従を設定 ・ang（任意） グラデーションの角度を時計回りで設定。ST_PositiveFixedAngleで定義される1/60000(deg)の値を設定 例：360（deg）なら21600000 ・scaled（任意） グラデーションの計算を図形の拡縮に追従させるかの設定 0：しない 1：する

テーマの塗りつぶしで具体的な色設定をしない理由

塗りつぶしの色は次のように設定し、具体的な色を指定しない。

```
<a:schemeClr val="phClr"/>
```

塗りつぶしの設定ではあくまでも「塗り方」を定義しているためであり、色は使用する側に任せる。理想としては、使用する側からテーマの塗り方と色を別々で選んで設定する。それは次のようなPresentationMLのスライドマスターで背景を設定するときのような状況だ。

```
<p:bg>
  <p:bgRef idx="1001">
    <a:schemeClr val="bg1"/>
  </p:bgRef>
</p:bg>
```

グラデーションの設定

サンプルのグラデーション設定を図示すると図5-5のとおりだ。グラデーションの基本は左から右方向へのグラデーションだがlin要素で右回りに90度回転させ、0％の位置と50％の位置と100％の位置に基準になる色を設定した結果だ。線形以外に放射などもあるが、具体的な中間の色は描画するアプリケーションが補間する。

図5-5 テーマのグラデーション設定（例）

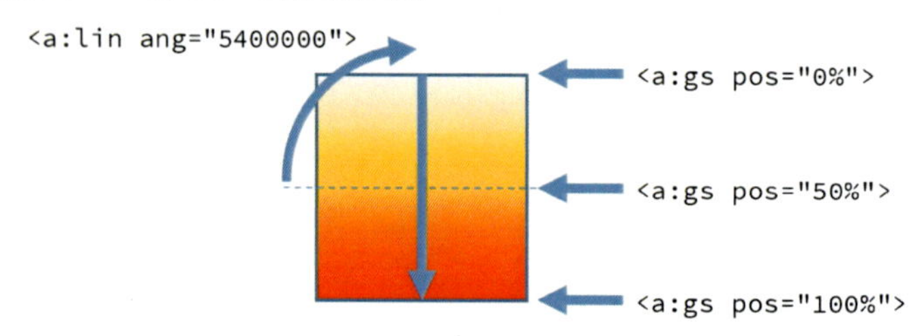

グラデーションの方向は図形の回転に対して制御ができる。gradFill要素のrotWithShape属性を使用すると図形の回転に対して追従するかが決められる。その違いは図5-6のとおりだ。なお、lin要素によるグラデーション軸の回転と図形自体の回転は独立して考える必要がる。

図5-6 テーマのグラデーション設定（例2）

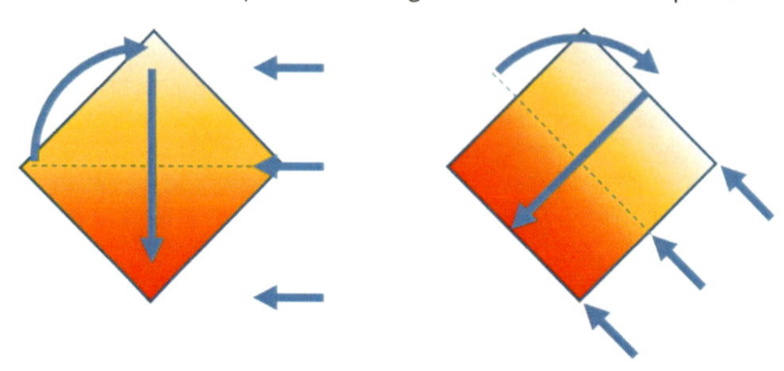

5.2.2. テーマの参照方法（使い方）

DrawingMLで定義されるテーマの情報は、WordprocessingMLとSpreadsheetMLとPresentationMLから共通のパーツとして参照される。

だが、WordprocessingMLとSpreadsheetMLとPresentationMLで参照の仕方（中継する要素と場所）が異なるため、それぞれ解説する。

5.2.2.1. 色の参照方法（WordprocessingML）

本文のフォント色にテーマのハイパーリンク色を選択している場合を想定する。その場合、リスト5-4・リスト5-5・リスト5-6の強調部分を順番に辿ることになる。

リスト5-4 テーマの色の参照（document.xmlの抜粋）

```
<w:r>
  <w:rPr>
    <w:color w:themeColor="hyperlink"/>
```

```
    </w:rPr>
    <w:t>テーマの色</w:t>
  </w:r>
```

リスト5-5 テーマの色の参照（settings.xmlの抜粋）

```
<w:clrSchemeMapping
 w:followedHyperlink="followedHyperlink" w:hyperlink="hyperlink"
 w:accent6="accent6" w:accent5="accent5" w:accent4="accent4"
 w:accent3="accent3" w:accent2="accent2" w:accent1="accent1"
 w:t2="dark2" w:bg2="light2" w:t1="dark1" w:bg1="light1"/>
```

リスト5-6 テーマの色の参照（theme.xmlの抜粋）

```
<a:theme name="Office テーマ"
    xmlns:a="http://purl.oclc.org/ooxml/drawingml/main">
  <a:themeElements>
    <a:clrScheme name="Office">
      <a:dk1> ... </a:dk1>
      <a:lt1> ... </a:lt1>
      <a:dk2> ... </a:dk2>
      <a:lt2> ... </a:lt2>
      <a:accent1> ... </a:accent1>
      <a:accent2> ... </a:accent2>
      <a:accent3> ... </a:accent3>
      <a:accent4> ... </a:accent4>
      <a:accent5> ... </a:accent5>
      <a:accent6> ... </a:accent6>
      <a:hlink>
        <a:srgbClr val="0563C1"/>
      </a:hlink>
      <a:folHlink> ... </a:folHlink>
    </a:clrScheme>
    ...
  </a:themeElements>
</a:theme>
```

一見すると辿れないが、実際にはcolor要素のthemeColor属性はST_ThemeColorで定義された値を設定し、その値はclrSchemeMapping要素の属性名を示す。そして、clrSchemeMapping要素の属性はST_WmlColorSchemeIndexで定義された値を設定し、その値は表5-7の変換表でテーマのclrScheme要素配下の要素名になる。

表 5-7 clrSchemeMapping の属性値（ST_WmlColorSchemeIndex）の変換表

属性に設定する値	テーマでの要素名
accent1	accent1
accent2	accent2
accent3	accent3
accent4	accent4
accent5	accent5
accent6	accent6
dark1	dk1
dark2	dk2
followedHyperlink	folHlink
hyperlink	hlink
light1	lt1
light2	lt2

流れを図示すると図 5-7のようになる。

図 5-7 テーマの参照の流れ（WordprocessingML）

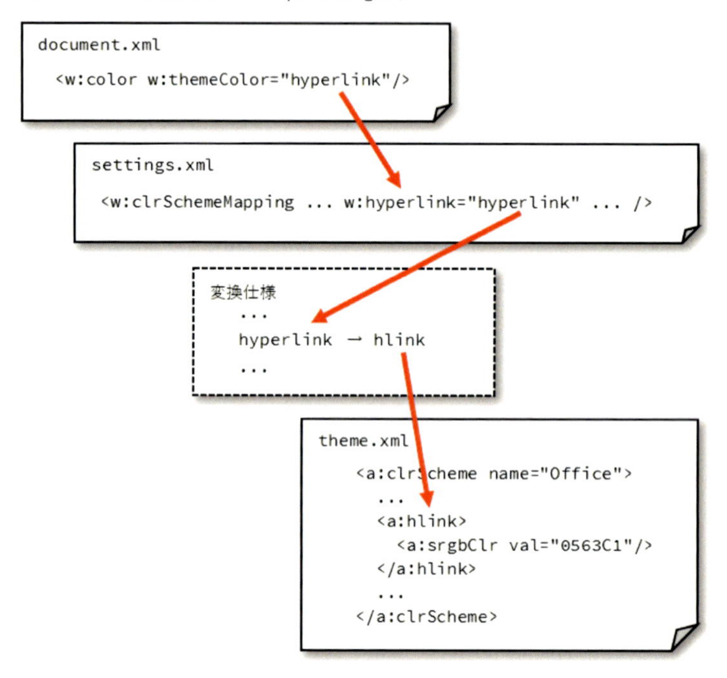

5.2.2.2. 色の参照方法（SpreadsheetML）

セルのフォント色にテーマのハイパーリンクの色を選択しているときを想定する。その場合、リスト 5-7・リスト 5-8の強調部分を辿る。なお、セルからスタイルまでの参照は本章の本質からはずれるため省略する。

リスト5-7 テーマの色の参照（styles.xmlの抜粋）

```
<fonts count="4">
  <font>
    <color theme="10"/>
  </font>
  <font> ... </font>
  <font> ... </font>
  <font> ... </font>
</fonts>
```

リスト5-8 テーマの色の参照（theme.xmlの抜粋）

```
<a:theme name="Office テーマ"
    xmlns:a="http://purl.oclc.org/ooxml/drawingml/main">
  <a:themeElements>
    <a:clrScheme name="Office">
      <a:dk1> ... </a:dk1>
      <a:lt1> ... </a:lt1>
      <a:dk2> ... </a:dk2>
      <a:lt2> ... </a:lt2>
      <a:accent1> ... </a:accent1>
      <a:accent2> ... </a:accent2>
      <a:accent3> ... </a:accent3>
      <a:accent4> ... </a:accent4>
      <a:accent5> ... </a:accent5>
      <a:accent6> ... </a:accent6>
      <a:hlink>
        <a:srgbClr val="0563C1"/>
      </a:hlink>
      <a:folHlink> ... </a:folHlink>
    </a:clrScheme>
    ...
  </a:themeElements>
</a:theme>
```

SpreadsheetMLでは単純にcolor要素のtheme属性で指定されたインデックスでテーマのclrScheme要素の配下を選択する。インデックスは0ベースだ。

5.2.2.3. 色の参照方法（PresentationML）

スライドレイアウトで文字列に色を選択しているときを想定する。リスト 5-9・リスト 5-10・リスト 5-11の強調部分を辿る。

リスト5-9 テーマの色の参照（slideLayout1.xmlの抜粋）

```
<a:lstStyle>
  <a:lvl1pPr algn="ctr">
    <a:defRPr sz="6000">
      <a:solidFill>
        <a:schemeClr val="tx1"/>
      </a:solidFill>
    </a:defRPr>
  </a:lvl1pPr>
</a:lstStyle>
```

リスト5-10 テーマの色の参照（slideMaster1.xmlの抜粋）

```
<p:clrMap bg1="lt1" tx1="dk1" bg2="lt2" tx2="dk2"
    accent1="accent1" accent2="accent2" accent3="accent3"
    accent4="accent4" accent5="accent5" accent6="accent6"
    hlink="hlink" folHlink="folHlink"/>
```

リスト5-11 テーマの色の参照（theme.xmlの抜粋）

```
<a:theme name="Office テーマ"
    xmlns:a="http://purl.oclc.org/ooxml/drawingml/main">
  <a:themeElements>
    <a:clrScheme name="Office">
      <a:dk1>
        <a:sysClr val="windowText" lastClr="000000"/>
      </a:dk1>
      <a:lt1> ... </a:lt1>
      <a:dk2> ... </a:dk2>
      <a:lt2> ... </a:lt2>
      <a:accent1> ... </a:accent1>
      <a:accent2> ... </a:accent2>
      <a:accent3> ... </a:accent3>
      <a:accent4> ... </a:accent4>
      <a:accent5> ... </a:accent5>
      <a:accent6> ... </a:accent6>
      <a:hlink> ... </a:hlink>
      <a:folHlink> ... </a:folHlink>
    </a:clrScheme>
    ...
  </a:themeElements>
</a:theme>
```

WordprocessingMLに比べると変換表がなく少しシンプルになるが、流れを図5-8に示す。

図5-8 テーマの参照の流れ（PresentationML）

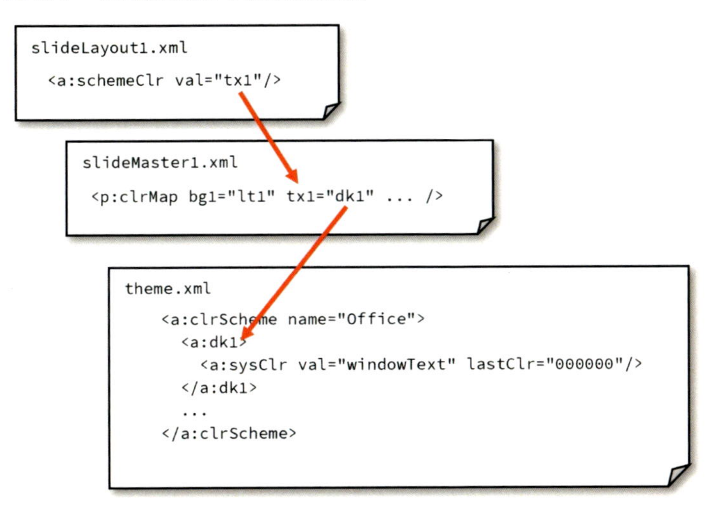

5.2.2.4. フォントの参照方法（WordprocessingML）

本文にテーマの見出し向け設定のフォントを選択しているときを想定する。フォント名の参照にはリスト5-12・リスト5-13・リスト5-14を組み合わせる。

リスト5-12 テーマのフォントの参照（settings.xmlの抜粋）

```
<w:themeFontLang w:val="en-US" w:eastAsia="ja-JP"/>
```

リスト5-13 テーマのフォントの参照（document.xmlの抜粋）

```
<w:r w:rsidRPr="00274300">
  <w:rPr>
    <w:rFonts w:eastAsiaTheme="majorEastAsia"/>
  </w:rPr>
  <w:t>テーマの色</w:t>
</w:r>
```

リスト5-14 テーマのフォントの参照（theme.xmlの抜粋）

```
<a:fontScheme name="Office">
  <a:majorFont>
    <a:latin typeface="Arial"/>
    <a:ea typeface=""/>
    <a:cs typeface=""/>
    <a:font typeface="游ゴシック Light" script="Jpan"/>
  </a:majorFont>
  <a:minorFont>
```

```
    <a:latin typeface="Century"/>
    <a:ea typeface=""/>
    <a:cs typeface=""/>
    <a:font typeface="游ゴシック" script="Jpan"/>
  </a:minorFont>
</a:fontScheme>
```

まず、ドキュメント内で東アジアフォントとして扱う言語をsettings.xml（リスト 5-12）のthemeFontLang要素で行う。そして、document.xml（リスト 5-13）の実際に書式を設定する部分では、見出し用（major）か本文用（minor）のどちらを選択するかを設定する。

基本的な流れを図 5-9に示す。

図5-9 フォントの参照の流れ（WordprocessingML）

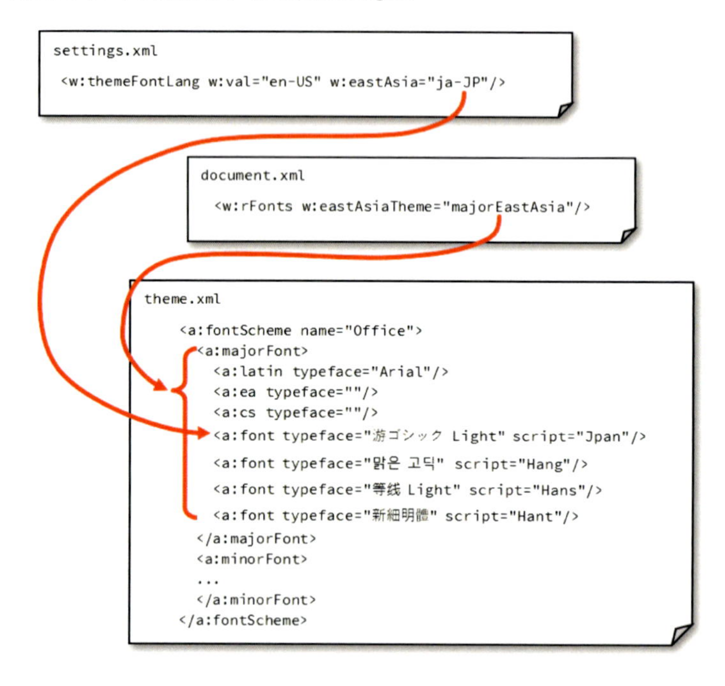

5.2.2.5. フォントの参照方法（SpreadsheetML）

セルのフォントにテーマの見出し向け設定のフォントを選択しているときを想定する。その場合、リスト 5-7・リスト 5-8の強調部分を辿る。なお、セルからスタイルまでの参照は本章の本質からはずれるため省略する。

リスト5-15 テーマのフォントの参照（styles.xmlの抜粋）

```
<fonts count="4">
  <font>
    <scheme val="major"/>
```

```
  </font>
  <font> ... </font>
  <font> ... </font>
  <font> ... </font>
</fonts>
```

リスト5-16 テーマのフォントの参照（theme.xmlの抜粋）

```
<a:fontScheme name="Office">
  <a:majorFont>
    <a:latin typeface="Arial"/>
    <a:ea typeface=""/>
    <a:cs typeface=""/>
    <a:font typeface="游ゴシック Light" script="Jpan"/>
  </a:majorFont>
  <a:minorFont>
    <a:latin typeface="Century"/>
    <a:ea typeface=""/>
    <a:cs typeface=""/>
    <a:font typeface="游ゴシック" script="Jpan"/>
  </a:minorFont>
</a:fontScheme>
```

スタイルのfont要素配下のsheme要素で見出し用（major）か本文用（minor）のどちらかでテーマから取得する。

5.2.2.6. フォントの参照方法（PresentationML）

スライドレイアウトで文字列のフォントにテーマの見出し向け設定を選択しているときを想定する。PowerPointのスタンダードな動きにならうとリスト5-17・リスト5-18・リスト5-19の強調部分を使ってフォントを決定する。

リスト5-17 テーマのフォントの参照（slide1.xmlの抜粋）

```
<p:txBody>
  <a:bodyPr/>
  <a:lstStyle/>
  <a:p>
    <a:r>
      <a:rPr lang="ja-JP"/>
      <a:t>HelloWorld</a:t>
    </a:r>
  </a:p>
</p:txBody>
```

リスト5-18 テーマのフォントの参照（slideLayout1.xmlの抜粋）

```
<a:lstStyle>
  <a:lvl1pPr algn="ctr">
    <a:defRPr>
      <a:latin typeface="+mj-lt"/>
      <a:ea typeface="+mj-ea"/>
      <a:cs typeface="+mj-cs"/>
    </a:defRPr>
  </a:lvl1pPr>
</a:lstStyle>
```

リスト5-19 テーマのフォントの参照（theme.xmlの抜粋）

```
<a:fontScheme name="Office">
  <a:majorFont>
    <a:latin typeface="Arial"/>
    <a:ea typeface=""/>
    <a:cs typeface=""/>
    <a:font typeface="游ゴシック Light" script="Jpan"/>
  </a:majorFont>
  <a:minorFont>
    <a:latin typeface="Century"/>
    <a:ea typeface=""/>
    <a:cs typeface=""/>
    <a:font typeface="游ゴシック" script="Jpan"/>
  </a:minorFont>
</a:fontScheme>
```

スライドレイアウト（リスト5-18）では、ラテン系フォントと東アジア系フォントと複雑なスクリプトフォントのそれぞれでどのようなフォントに関連付けるかを設定し、スライド（リスト5-17）で対象範囲の言語を設定する。言語設定は必須ではなく表示する環境に任せるのであれば省略できる。latin要素・en要素・cs要素のtypeface属性の設定は具体的なフォント名でも良いのだが、今回は少し特殊な表現になる。フォーマットとしては前半が見出し（+mj）か本文（+mn）で、後半がラテン（-lt）か東アジア（-ea）か複雑なスクリプト（-cs）の組み合わせになる。前半と後半のどちらも省略できず、必ずどれかを選択しなければならない。

流れを図5-10に示す。

図5-10 フォントの参照の流れ（PresentationML）

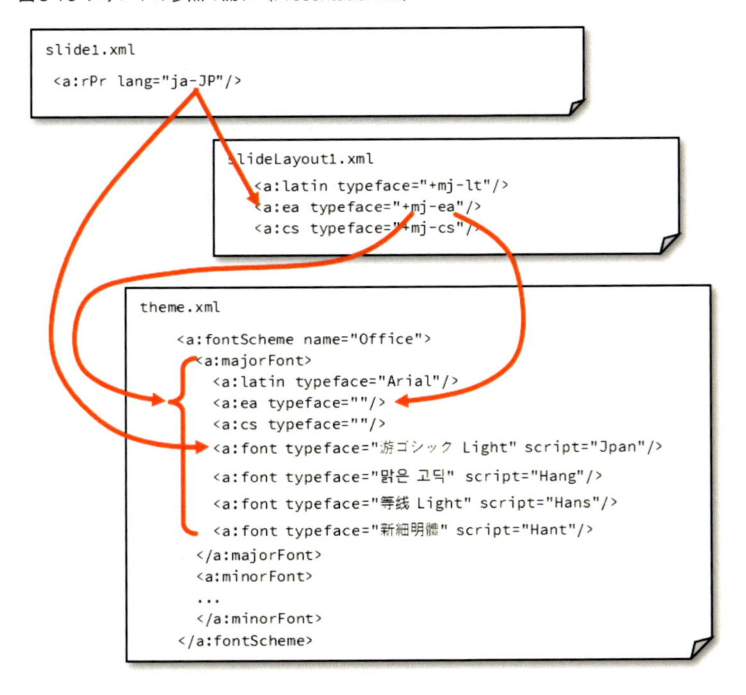

PresentationMLは少し複雑で、スライドレイアウトでea要素に設定された「+mj-ea」のeaの部分は言語設定で個別設定の方に振り分けられている。ただ、ここの挙動は正確な資料が見つからなかったので試してみての結果となる。ご了承いただきたい。

5.2.2.7. 外観の参照方法（共通）

外観（塗りつぶし・線・エフェクト）の設定は要素に違いはあるものの各MLで共通（というよりDrawingMLの範囲）のため、WordprocessingMLを例にする。図形のスタイル設定としてリスト5-20で設定し、テーマファイルを参照する。どれもインデックスで参照する。

リスト5-20 テーマの外観の参照（document.xmlの抜粋）

```
<wp:style>
  <a:lnRef idx="0">
    ...
  </a:lnRef>
  <a:fillRef idx="1">
    ...
  </a:fillRef>
  <a:effectRef idx="0">
    ...
  </a:effectRef>
</wp:style>
```

リスト5-21 テーマの外観の参照（theme.xmlの抜粋）

```
<a:fmtScheme name="Office">
  <!-- 塗りつぶし -->
  <a:fillStyleLst>
    <!-- idx="1" -->
    <a:solidFill>
    </a:solidFill>
    <!-- idx="2" -->
    <a:gradFill rotWithShape="1">
    </a:gradFill>
  </a:fillStyleLst>
  <!-- 線 -->
  <a:lnStyleLst>
    <!-- idx="1" -->
    <a:ln w="6350" cap="flat" cmpd="sng" algn="ctr">
    </a:ln>
    <!-- idx="2" -->
    <a:ln w="12700" cap="flat" cmpd="sng" algn="ctr">
    </a:ln>
  </a:lnStyleLst>
  <!-- エフェクト -->
  <a:effectStyleLst>
    <!-- idx="1" -->
    <a:effectStyle>
    </a:effectStyle>
    <!-- idx="2" -->
    <a:effectStyle>
    </a:effectStyle>
  </a:effectStyleLst>
  <!-- 背景塗りつぶし -->
  <a:bgFillStyleLst>
    <!-- idx="1001" -->
    <a:solidFill>
    </a:solidFill>
    <!-- idx="1002" -->
    <a:solidFill>
    </a:solidFill>
    <!-- idx="1003" -->
    <a:gradFill rotWithShape="1">
    </a:gradFill>
  </a:bgFillStyleLst>
```

```
</a:fmtScheme>
```

参照元になる要素と参照先の要素の関係は表5-8のとおりだ。「なし」の列は、図形の線がなしや塗りつぶしがなしになる値だ。

表5-8 テーマの外観を参照する要素とインデックスの関係

参照元（プロパティー）	参照先（テーマ）	インデックス範囲	なし
lnRef	lnStyleLst	1～	0
fillRef	fillStyleLst	1～999	0
fillRef	bgFillStyleLst	1001～	1000
effectRef	effectStyleLst	1～	0

5.2.3. 色の調整

「5.2.1.1 色の定義方法」で解説したとおり、色の定義に使用できる要素にはいくつかあるが、それぞれ指定した色から調整することができる。例えば、Officeでは塗りつぶしのグラデーションで基準の色から明暗を調整した色を作成するために使用される。

ここではOfficeが標準のテーマで使用される輝度と彩度の調整をする要素について解説する。その他の要素については仕様書Part1の「20.1.2.3 Colors」の章を参照してほしい。

- 輝度
- 彩度

例えば、Officeではリスト5-22のようにグラデーションポイントの色を調整している。

リスト5-22 グラデーションポイントにおける色補正の例

```
<a:gs pos="0%">
  <a:schemeClr val="phClr">
    <a:lumMod val="110%"/>
    <a:satMod val="105%"/>
    <a:tint val="67%"/>
  </a:schemeClr>
</a:gs>
```

なお、調整対象にできる要素には次のものがある。

・hslClr
・prstClr
・schemeClr
・scrgbClr
・srgbClr
・sysClr

5.2.3.1. 色空間

Officeではユーザーの見える部分では基本的にRGB色空間を使用するが、内部的にHSL色空間（以降、HSL）を使用している。ここで解説する調節方法もHSLにまつわる計算を行う。詳細な情報やRGBとの変換方法などは他の資料に任せるとしてHSLとは表5-9の要素で色を表す方式だ。ちなみに、Photoshopのカラーピッカーなどで表示されているHSB色空間とは別物なので注意してほしい。

表5-9 HSL色空間の要素

要素	値の範囲	説明
色相(Hue)	0～360度	いわゆる色を角度で定義 0度：赤 120度：緑 240度：青
彩度(Saturation)	0～100%	鮮やかさを定義。値が大きいほど鮮やか 0%：灰色 100%：原色
輝度（Lightness)	0～100%	色の明るさを定義 0%：黒色 50%：原色 100%：白色

5.2.3.2. 色調整で使用する要素

色調整には一部ではあるが表5-10の要素を使用する。

表5-10 色調整で使用する要素

要素名	説明/属性
satMod	彩度変調（Saturation Modulation）：彩度を元の値を指定された割合で変調 ・val（必須）　変調させる割合を設定。50%を指定すると元の半分になり200%を指定すると2倍になる。ただし、結果は0%〜100%の範囲を超えない
satOff	彩度オフセット（Saturation Offset）：彩度を元の値からオフセット ・val（必須）　オフセットする割を設定。設定した値を単純に加算する。ただし、結果は0%〜100%の範囲を超えない
lumMod	輝度変調（Luminance Modulation）：輝度を元の値を指定された割合で変調 ・val（必須）　変調させる割合を設定。50%を指定すると元の半分になり200%を指定すると2倍になる。ただし、結果は0%〜100%の範囲を超えない
lumOff	輝度オフセット（Luminance Offset）：輝度を元の値からオフセット ・val（必須）　オフセットする割を設定。設定した値を単純に加算する。ただし、結果は0%〜100%の範囲を超えない
shade	暗清色（Shade）：原色に指定した割合の黒を混ぜて色合いを調整 ・val（必須）　調整する割合を設定
tint	明清色（Tint）：原色に指定した割合の白を混ぜた色合いを調整 ・val（必須）　調整する割合を設定

彩度の調節

変調・オフセットのどちらもHSLの彩度（S）のみを調整し、色相（H）と輝度（L）には影響を与えない。次の計算式で求められる。

```
S' = S * satMod + satOff
 (0% ≦ S' ≦ 100%)
```

輝度の調整

変調・オフセットのどちらもHSLの輝度（L）のみを調整し、色相（H）と彩度（S）には影響を与えない。次の計算式で求められる。

```
L' = L * lumMod + lumOff
 (0% ≦ L' ≦ 100%)
```

さらにshade要素とtint要素を使用して輝度の調整ができる[1]。

```
L' = L * lumMod + lumOff
 (0% ≦ L'≦ 100%)

shadeのとき
L" =L' * (shade / 100)
```

1. 実際のOfficeの計算は調整後の色がより自然になるように補正しているためか線形的な結果とならず微妙に結果が異なる。そのため、参考程度としていただきたい。なお、仕様書にも何カ所かTintとShadeの計算方法が記述されているが、どれとも異なる。

```
tintのとき
L" =(100 - L') * ((100 - tint) / 100) + L'
（0% ≦ L" ≦ 100%）
```

このようにlumMod要素とlumOff要素の計算をしたのちにshade要素とtint要素の計算を行う。なお、shade要素とtint要素が同時に設定されている場合、tint要素のみが計算される。

また、shade要素とtint要素の関係は図5-11のようになっている。

図5-11 shadeとtintの関係

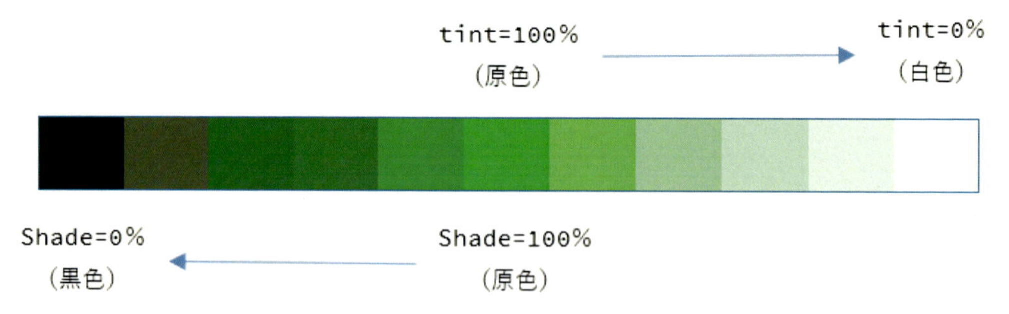

5.3. 図形（Shape）

DrawingMLで定義されている図形について解説する。

5.3.1. 図形に関わる定数値と計算値

これから図形の形状がどのように定義されているかを解説していくが、その前に形状の定義で使用する定数と計算値について解説する。仕様書では「20.1.10.56 ST_ShapeType (Preset Shape Types)」に記述されている。

図形の形状はユーザー（ドキュメントの編集者）が任意の大きさで調整を行うため、形状を一般化した形で定義できるように表5-11の定数と計算値（一部、変数）が使用される。定数値と計算値にはラベルが設定されており、XML内ではラベルを使用する。

表5-11の式の読み取り方は後述の「5.3.2図形に関わる式」で解説する。

表5-11 定数と計算値

ラベル	値/式	説明
3cd4	16200000.0	円の3/4の角度（270度）（1/60000の値）
3cd8	8100000.0	円の3/8の角度（135度）（1/60000の値）
5cd8	13500000.0	円の5/8の角度（225度）
7cd8	18900000.0	円の7/8の角度（315度）
b	h	図形の下端（hと同値）
cd2	10800000.0	円の1/2の角度（180度）
cd4	5400000.0	円の1/4の角度（90度）
cd8	2700000.0	円の1/8の角度（45度）
h	-	図形の高さ。ext要素で設定されている高さ
hc	*/ w 1.0 2.0	図形の横方向の中心
hd2	*/ h 1.0 2.0	図形の高さの1/2
hd3	*/ h 1.0 3.0	図形の高さの1/3
hd4	*/ h 1.0 4.0	図形の高さの1/4
hd5	*/ h 1.0 5.0	図形の高さの1/5
hd6	*/ h 1.0 6.0	図形の高さの1/6
hd8	*/ h 1.0 8.0	図形の高さの1/8
l	0	図形の左端
ls	max w h	図形の辺の長い方の長さ
r	w	図形の右端（wと同値）
ss	min w h	図形の辺の短い方の長さ
ssd2	*/ ss 1.0 2.0	図形の短い方の辺の1/2
ssd4	*/ ss 1.0 4.0	図形の短い方の辺の1/4
ssd6	*/ ss 1.0 6.0	図形の短い方の辺の1/6
ssd8	*/ ss 1.0 8.0	図形の短い方の辺の1/8
ssd16	*/ ss 1.0 16.0	図形の短い方の辺の1/16
ssd32	*/ ss 1.0 32.0	図形の短い方の辺の1/32
t	0	図形の上端
vc	*/ h 1.0 2.0	図形の縦方向の中心
w	-	図形の幅。ext要素で設定されている幅
wd2	*/ w 1.0 2.0	図形の幅の1/2
wd3	*/ w 1.0 3.0	図形の幅の1/3
wd4	*/ w 1.0 4.0	図形の幅の1/4
wd5	*/ w 1.0 5.0	図形の幅の1/5
wd6	*/ w 1.0 6.0	図形の幅の1/6
wd8	*/ w 1.0 8.0	図形の幅の1/8
wd10	*/ w 1.0 10.0	図形の幅の1/10

注意点としては「h」が「Height」と「Horizontal」のふたつの意味で使用されているため混同しないようにしてほしい。

5.3.2. 図形に関わる式

定数値と計算値同様予め解説する。計算値でも使用される式はポーランド記法に似ているが違っており、後述するgd要素（20.1.9.11 gd (Shape Guide)）の属性で設定できる式として表5-12の17種類が定義されている。

表5-12 計算式

式	意味
*/ x y z	((x * y) / z)
+- x y z	((x + y) - z)
+/ x y z	((x + y) / z)
?: x y z	(x > 0) ? y : z
abs x	|x| = (x < 0) ? -1 * x : x
at2 x y	arctan(y / x)
cat2 x y z	(x * (cos(arctan(z / y))))
cos x y	x * cos(y)
max x y	(x > y) ? x : y
min x y	(x < y) ? x : y
mod x y z	sqrt(x^2 + y^2 + z^2)
pin x y z	(y < x) ? x : ((y > z) ? z : y)
sat2 x y z	x * sin(arctan(z / y))
sin x y	x * sin(y)
sqrt x	sqrt(x)
tan x y	x * tan(y)
val x	x

5.3.3. 図形の描画

DrawingMLでは様々な形状が仕様書「20.1.10.56 ST_ShapeType (Preset Shape Types)」で定義されている。代表的なものを次にあげる。

図5-12 ST_ShapeType (Preset Shape Types) の例

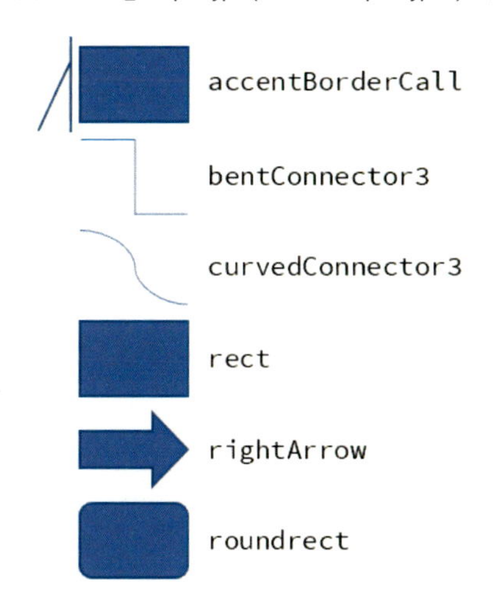

ちなみに、ST_ShapeTypeで定義されているすべての形状をWordなどで選択できるわけではないし。後述するが、コネクタ（線）のようにWordなどのGUI上の操作に合わせて保存される定義名が自動的に変化するものもある。

これらの定義名は「4.6WordprocessingMLにおける描画」でも解説したとおり、次の強調部分ように使用する。

```
<wp:wsp>
  <wp:cNvPr id="7" name="矢印: 右 7"/>
  <wp:cNvSpPr/>
  <wp:spPr>
    <a:xfrm>
      <a:off x="1939796" y="1749389"/>
      <a:ext cx="893160" cy="523080"/>
    </a:xfrm>
    <a:prstGeom prst="rightArrow">
      <a:avLst/>
    </a:prstGeom>
  </wp:spPr>
  ...
</wp:wsp>
```

wsp要素が図形のひとつひとつを表し、prstGeom要素で指定した定義名に合わせた形状でWordなどは表示する。ここでのポイントはドキュメントの中に含まれる情報だけでは具体的にどのような形状かはわからないところだ。仕様書のST_ShapeTypeの説明にある形状サンプルを元に描画しなければならない（表5-13で示したような図がある）。

しかし、まったく情報が無いわけではない。本来はprstGeom要素の変わりにcustGeom要素を使用するとオリジナルの図形を扱えるのだが、その配下で使用する要素を用いてプリセットの図形の具体的な形状が示されている。それは、仕様書の「Annex H. (informative) Example Predefined DrawingML Shape and Text Geometries」に記載されている「OfficeOpenXML-DrawingMLGeometries.zip」に含まれる「presetShapeDefinitions.xml」である。具体的にはリスト5-23であり、角丸四角形(roundRect)の部分を抜粋した。実際にはOfficeでは使用できないものも含めてたくさんの図形の定義がされている。

詳細が分からない状態でも最後の方を見ると具体的な描画方法を定義していることが分かるだろう。

リスト5-23 presetShapeDefinitions.xmlの抜粋

```
<?xml version="1.0" encoding="utf-8"?>
<presetShapeDefinitons>
  ...
  <roundRect>
    <avLst xmlns="http://schemas.openxmlformats.org/drawingml/2006/main">
      <gd name="adj" fmla="val 16667" />
    </avLst>
    <gdLst xmlns="http://schemas.openxmlformats.org/drawingml/2006/main">
      <gd name="a" fmla="pin 0 adj 50000" />
      <gd name="x1" fmla="*/ ss a 100000" />
      <gd name="x2" fmla="+- r 0 x1" />
      <gd name="y2" fmla="+- b 0 x1" />
      <gd name="il" fmla="*/ x1 29289 100000" />
      <gd name="ir" fmla="+- r 0 il" />
      <gd name="ib" fmla="+- b 0 il" />
    </gdLst>
    <ahLst xmlns="http://schemas.openxmlformats.org/drawingml/2006/main">
      <ahXY gdRefX="adj" minX="0" maxX="50000">
        <pos x="x1" y="t" />
      </ahXY>
    </ahLst>
    <cxnLst xmlns="http://schemas.openxmlformats.org/drawingml/2006/main">
      <cxn ang="3cd4">
        <pos x="hc" y="t" />
      </cxn>
      <cxn ang="cd2">
        <pos x="l" y="vc" />
      </cxn>
      <cxn ang="cd4">
        <pos x="hc" y="b" />
```

```
      </cxn>
      <cxn ang="0">
        <pos x="r" y="vc" />
      </cxn>
    </cxnLst>
    <rect l="il" t="il" r="ir" b="ib"
          xmlns="http://schemas.openxmlformats.org/drawingml/2006/main" />
    <pathLst xmlns="http://schemas.openxmlformats.org/drawingml/2006/main">
      <path>
        <moveTo>
          <pt x="l" y="x1" />
        </moveTo>
        <arcTo wR="x1" hR="x1" stAng="cd2" swAng="cd4" />
        <lnTo>
          <pt x="x2" y="t" />
        </lnTo>
        <arcTo wR="x1" hR="x1" stAng="3cd4" swAng="cd4" />
        <lnTo>
          <pt x="r" y="y2" />
        </lnTo>
        <arcTo wR="x1" hR="x1" stAng="0" swAng="cd4" />
        <lnTo>
          <pt x="x1" y="b" />
        </lnTo>
        <arcTo wR="x1" hR="x1" stAng="cd4" swAng="cd4" />
        <close />
      </path>
    </pathLst>
  </roundRect>
  ...
</presetShapeDefinitons>
```

表5-14-1 presetShapeDefinitions.xmlで使用する要素(1)

要素名	説明/属性
avLst	図形調整値一覧（List of Shape Adjust Values）：図形の形状を調整するための値の一覧。調整ハンドルの数だけ配下にgd要素を持つ
gd	ガイド（Shape Guide）：図形の調整や形状を一般化するために必要な計算値 ・name（必須）　ガイドの名称。他のガイドの式やpos要素などで使用できる名称 ・fmla（必須）　ガイドの値を算出する式。「5.3.2図形に関わる式」の式が使用できる
gdLst	ガイド一覧（List of Shape Guides）：ガイドの一覧。必要なだけgd要素を配下に持つ
ahLst	調整ハンドル一覧（List of Shape Adjust Handles）：ユーザーがマウスでドラッグして形状を調整するためのハンドルの一覧
ahXY	調整ハンドル（XY Adjust Handle）：調整ハンドルを直交座標系で定義（極座標系で定義できるahPolar要素もある）配下のpos要素で具体的な位置を決める。最小値と最大値が同じのときその方向へは動かせない ・gdRefX（任意）　調整ハンドルをx軸方向に動かしたときに更新する調整値の名前を設定 ・minX（任意）　x軸方向の調整値の最小値 ・maxX（任意）　x軸方向の調整値の最大値 ・gdRefY（任意）　調整ハンドルをy軸方向に動かしたときに更新する調整値の名前を設定 ・minY（任意）　y軸方向の調整値の最小値 ・maxY（任意）　y軸方向の調整値の最大値
cxnLst	接続ポイント一覧（List of Shape Connection Sites）：コネクタを吸着させる接続ポイントの位置情報の一覧
cxn	接続ポイント（Shape Connection Site）：コネクタを吸着させる接続ポイントの位置情報 ・ang（必須）　コネクタを描画するときの向きなどの参考情報として1/60000(deg)の値を設定。あくまでも接続するコネクタの参考情報のため、具体的な位置とは無関係
pos	座標（Shape Position Coordinate）：接続ポイントの座標。 ・x（必須）　接続ポイントのx座標。図形の左上が原点の相対座標で領域はext要素で指定されている範囲 ・y（必須）　接続ポイントのy座標。図形の左上が原点の相対座標で領域はext要素で指定されている範囲
rect	テキスト領域（Shape Text Rectangle）：図形にテキストを追加したときの領域 ・b（必須）　下端の位置をEMU値やラベル（定数値・計算値）で設定 ・l（必須）　左端の位置をEMU値やラベル（定数値・計算値）で設定 ・r（必須）　右端の位置をEMU値やラベル（定数値・計算値）で設定 ・t（必須）　上端の位置をEMU値やラベル（定数値・計算値）で設定
pathLst	パス一覧（List of Shape Paths）：図形を定義するためのパス情報の一覧
path	パス（Shape Path）：単一の幾何学図形を定義するパス情報
moveTo	移動（Move Path To）：ペンの移動。描画は何もしない
lnTo	直線（Draw Line To）：直線を描画。配下にpt要素をひとつ含む

表5-14-2 presetShapeDefinitions.xmlで使用する要素(2)

要素名	説明/属性
arcTo	弧（Draw Arc To）：弧を描画。属性で描画方法を設定。始点はパス描画中のペンの位置が使用されるため、弧を含む円周のどこかが始点 ・hR（必須）　弧が円（楕円）である場合の垂直半径 ・wR（必須）　弧が円（楕円）である場合の水平半径 ・stAng（必須）　弧の開始角度を1/60000(deg)の値で設定。0度は右端の上下中央の位置(3時の方向) ・swAng（必須）　弧の中心角を1/60000(deg)の値で設定。右回転が正。
quadBezTo	2次ベジェ曲線（Draw Quadratic Bezier Curve To）：2次ベジェ曲線を描画。配下にpt要素をふたつ含む。ひとつ目が制御点でふたつ目は終点
cubicBezTo	3次ベジェ曲線（Draw Cubic Bezier Curve To）：3次ベジェ曲線を描画。配下にpt要素を3つ含む。最初のふたつが制御点で3つ目は終点
close	閉じる（Close Shape Path）：始点と終点を繋いで図形を閉じる。この後に線などがあったら無視すること
pt	パス用座標（Shape Path Point）：lnTo要素などで使用する座標を指定

5.3.3.1. その他の図形の要素

仕様書「20.1.9 Shape Definitions and Attributes」に記載があるため参照してほしい。

5.3.3.2. 名前空間の設定位置

リスト5-23は基本的にDrawingMLで定義される要素が使用されているが、名前空間の設定位置に注意が必要だ。リスト5-23では3階層目の要素（cxnLst、rect、pathLst）に設定されているため、それらの配下のみがDrawingMLの要素となる。それより上位のpresetShapeDefinitons要素やrect要素はこのファイルオリジナルで仕様書内に定義はない。

5.3.3.3. ST_ShapeTypeの定義名との関連付け要素

リスト5-23では2階層目のrect要素がST_ShapeTypeの定義名と一致する。表5-13であげた定義名は次のように登場することになる。

```
<?xml version="1.0" encoding="utf-8"?>
<presetShapeDefinitons>
  ...
  <accentBorderCallout1>
    ...
  </accentBorderCallout1>
  ...
  <bentConnector3>
    ...
  </bentConnector3>
  ...
  <curvedConnector3>
```

```
    ...
  </curvedConnector3>
  ...
  <rect>
    ...
  </rect>
  ...
  <rightArrow>
    ...
  </rightArrow>
  ...
  <roundrect>
    ...
  </roundrect>
  ...
</presetShapeDefinitons>
```

5.3.3.4. 調整値

図形の形状を調整するための値。gd要素に設定した値を使用して形状を決定する。リスト5-23では次のようになっており、調節値として「adj」という名前の変数を定義し値を記録する。「presetShapeDefinitions.xml」での定義としては記録することはないため、結果的に初期値となる。

```
<avLst xmlns="http://schemas.openxmlformats.org/drawingml/2006/main">
  <gd name="adj" fmla="val 16667" />
</avLst>
```

ただし、ドキュメントファイルには次のようにprstGeom要素の配下に同様のデータ構造で保存する。

```
<a:prstGeom prst="roundRect">
  <a:avLst>
    <a:gd name="adj" fmla="val 35000"/>
  </a:avLst>
</a:prstGeom>
```

ちなみに、roundRectの場合、adjに保存する値は百分率（1/1000）で設定する。理由はガイド値で解説する。

ところで、角丸四角の調整値はひとつだけだが、複数の場合もある。例えば、図5-13のようなU字になった矢印の場合、5つ調整値を持っている。

図5-13 調整値の多い図形の例

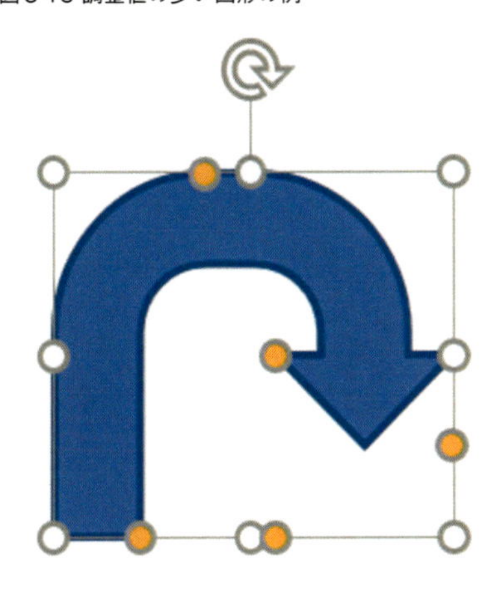

U字の矢印の場合、document.xmlのデータ構造は次のようになる。

```
<a:prstGeom prst="uturnArrow">
  <a:avLst>
    <a:gd name="adj1" fmla="val 25000"/>
    <a:gd name="adj2" fmla="val 25000"/>
    <a:gd name="adj3" fmla="val 25000"/>
    <a:gd name="adj4" fmla="val 50000"/>
    <a:gd name="adj5" fmla="val 75000"/>
  </a:avLst>
</a:prstGeom>
```

どれがどこを調整しているのかはぱっと見では不明だ。これを正確に読み解くにはpresetShapeDefinitions.xmlを確認しつつWordで実際に調整してみることになる。そのためにも本章の内容を理解する必要がある。

5.3.3.5. ガイド値

gdLst 要素の配下で図形の形状を決定するために必要な変数を定義する。リスト 5-23では次のとおり7個の変数を定義している。

```
<gdLst xmlns="http://schemas.openxmlformats.org/drawingml/2006/main">
  <gd name="a" fmla="pin 0 adj 50000" />
  <gd name="x1" fmla="*/ ss a 100000" />
  <gd name="x2" fmla="+- r 0 x1" />
  <gd name="y2" fmla="+- b 0 x1" />
  <gd name="il" fmla="*/ x1 29289 100000" />
  <gd name="ir" fmla="+- r 0 il" />
```

```
    <gd name="ib" fmla="+- b 0 il" />
  </gdLst>
```

ガイド値（gd要素）の設定はお約束的なテクニックも含まれるため順番に解説する。個々のガイド値の解説の前に各変数と図形の関係を図5-14に示す。

図5-14 ガイド値と図形の関係

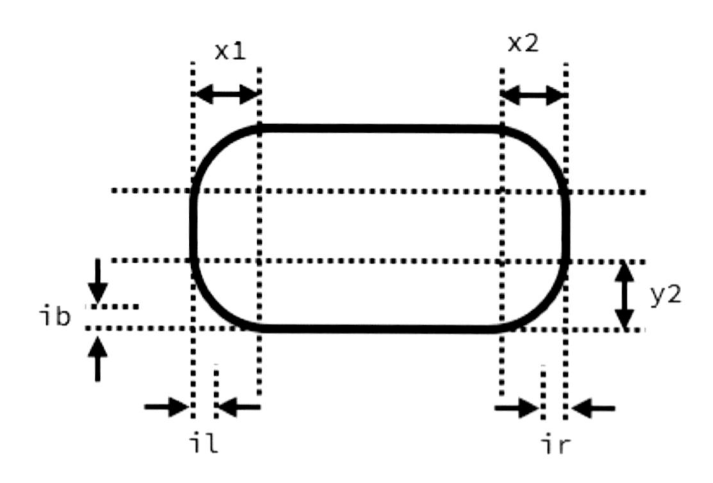


```
    <gd name="a" fmla="pin 0 adj 50000" />
```

ひとつ目の「pin」は3つの引数から中央値を取得する。つまり、adjを0〜50000の範囲でガードした変数「a」を定義する。

```
    <gd name="x1" fmla="*/ ss a 100000" />
```

ふたつ目は角丸の半径「x1」を定義する。まず、「ss」で幅と高さの小さい方を選択し調整値を割合として算出する。式を「x1 = ss * a / 100000」と記述するとイメージしやすいだろう。つまり、角丸の半径は短い方の辺の0%〜50%の長さとなる。

```
    <gd name="il" fmla="*/ x1 29289 100000" />
```

順番が少し入れ替わるが、5番目は角丸の半径の約29%をパディングとして定義している。角丸になる分、テキストの配置を調整しているのだろう。

```
    <gd name="x2" fmla="+- r 0 x1" />
    <gd name="y2" fmla="+- b 0 x1" />
    ...
```

```
    <gd name="ir" fmla="+- r 0 il" />
    <gd name="ib" fmla="+- b 0 il" />
```

3・4番目は右からと下から角丸の半径分を引いた位置「x2」「y2」を定義し、6・7番目は右からと下からテキスト領域のパディングを定義する。

fmls属性で使える式には制限があり単純な2項の四則演算はできないため、0と1を交えて結果として2項演算と同じ状態にしている。表5-15は他の演算も含めた例だ。

表5-15 四則演算の例

演算	式	説明
加算	+- x y 0	((x + y) - 0) = x + y
減算	+- x 0 z	((x + 0) - z) = x - z
乗算	*/ x y 1	((x * y) / 1) = x * y
除算	*/ x 1 z	((x * 1) / z) = x / z

5.3.3.6. 調整ハンドル

調整ハンドルとは図5-15の矢印すような丸印でOfficeでは表現される。ドラッグするとそれにあわせて図形の形状が変化する。

図5-15 調整ハンドル

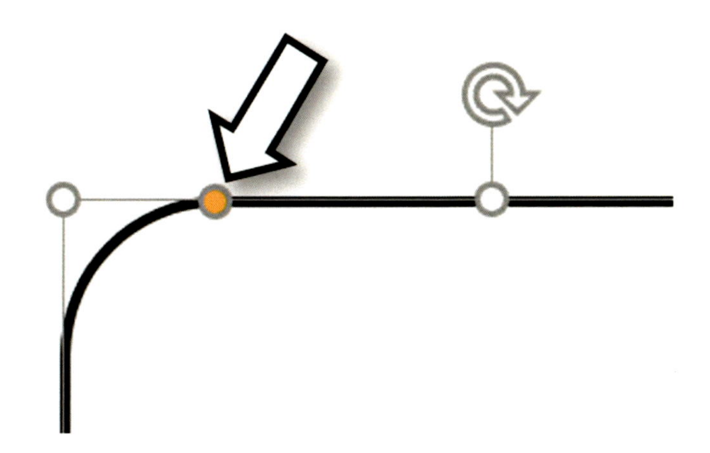

角丸四角では次のようにひとつだけ定義されている。

```
<!-- 調整値 -->
<avLst xmlns="http://schemas.openxmlformats.org/drawingml/2006/main">
  <gd name="adj" fmla="val 16667" />
</avLst>
...
<!-- 調整ハンドル -->
```

```
<ahLst xmlns="http://schemas.openxmlformats.org/drawingml/2006/main">
  <ahXY gdRefX="adj" minX="0" maxX="50000">
    <pos x="x1" y="t" />
  </ahXY>
</ahLst>
```

gdRefX属性でX軸方向の調節（X軸方向へ動かしたとき）に対してavLst要素配下のgd要素（adjという名前が設定されている）の値が変化する。

大抵の図形の調整ハンドルはひとつでひとつの軸方向に動くように設定されているが、gdRefX属性とgdRefY属性は排他ではないのでぐりぐり自由に動かせるハンドルも作成可能だ。わかりやすいかは不明だが、形状によっては有効かもしれない。

ahXY要素の配下のpos要素はハンドルの位置を設定する。属性のxとyにそれぞれ変数が割り当てられており、ユーザーの調整に合わせて左右に移動することがわかる（値が変化するのはx1だけでtは上辺で固定）。ここで、調整ハンドルの位置と調整値が循環しているように見えるところに疑問を感じるかもしれない。特に仕様上説明はないが、ahXY要素は属性と配下の要素で調整ハンドルの動く方向と位置を定義し、その情報を元に調整した値を調整値に設定するため循環はしない。

5.3.3.7. 接続ポイント

接続ポイントとはコネクタ（線）を吸着させる場所のことであり、すべての図形に設定されているわけではないが大抵は4カ所に設定されている。

表5-14の説明したが、pos要素で具体的な位置、cxn要素で方向を決定する。例えば、リスト5-23（次に抜粋）の接続ポイントの設定は図5-16のように反映される。

```
<cxnLst xmlns="http://schemas.openxmlformats.org/drawingml/2006/main">
  <cxn ang="3cd4">
    <pos x="hc" y="t" />
  </cxn>
  <cxn ang="cd2">
    <pos x="l" y="vc" />
  </cxn>
  <cxn ang="cd4">
    <pos x="hc" y="b" />
  </cxn>
  <cxn ang="0">
    <pos x="r" y="vc" />
  </cxn>
</cxnLst>
```

図 5-16 接続ポイントの設定位置

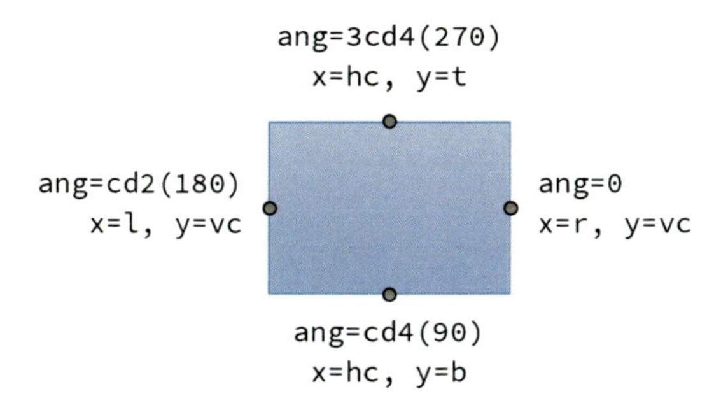

pos要素で指定する値は図形のサイズに合わせて変化するため「5.3.1 図形に関わる定数値と計算値」で解説したラベルを使用する。

繰り返しになるがang属性の設定値と位置に直接的な関係はない。例えば、図 5-15で0度の設定をしているところに45度（cd8）の設定をすることもできる。その場合、コネクタを接続したときに図 5-17のようになる。

図 5-17 接続ポイントの特殊な設定

通常、コネクタの種類をかぎ線にしていても接続相手との水平位置が一致していれば直線になるところが曲がっている。ang属性によってコネクタの向きが調整されているということだ。

5.3.3.8. テキスト領域

rect要素は図形の中にテキストを配置する領域を定義する。決して四角を描画するといった意味ではない。角丸四角は次のようになっており、ガイド値で解説した変数を使用してパディングをとっている。

```
<rect l="il" t="il" r="ir" b="ib"
      xmlns="http://schemas.openxmlformats.org/drawingml/2006/main" />
```

5.3.3.9. パスの描画

図形の具体的な描画方法の定義はpathLst要素の配下で行う。

```
<pathLst xmlns="http://schemas.openxmlformats.org/drawingml/2006/main">
  <path>
    <moveTo>
      <pt x="l" y="x1" />
    </moveTo>
    <arcTo wR="x1" hR="x1" stAng="cd2" swAng="cd4" />
    <lnTo>
      <pt x="x2" y="t" />
    </lnTo>
    <arcTo wR="x1" hR="x1" stAng="3cd4" swAng="cd4" />
    <lnTo>
      <pt x="r" y="y2" />
    </lnTo>
    <arcTo wR="x1" hR="x1" stAng="0" swAng="cd4" />
    <lnTo>
      <pt x="x1" y="b" />
    </lnTo>
    <arcTo wR="x1" hR="x1" stAng="cd4" swAng="cd4" />
    <close />
  </path>
</pathLst>
```

サンプルは比較的簡単な図形だが、あえて描画の流れを図示すると図5-18のようになる。

図5-18 パスの描画の流れ

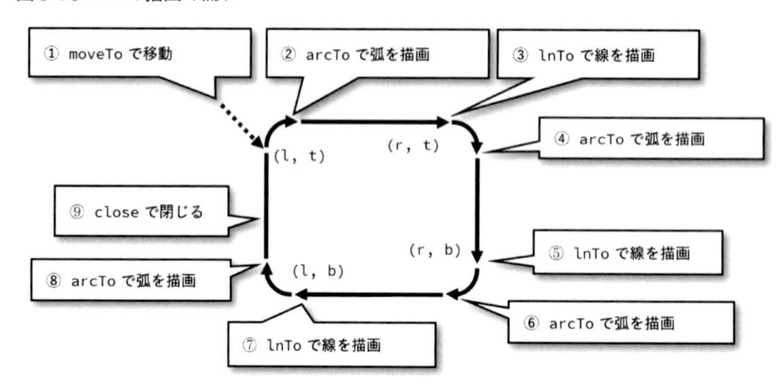

①moveToで描画位置を（l, x1）に移動
②arcToで（l, x1）を始点にして半径x1で時計回りに90度（cd4）の弧を描画
③lnToで（r, t）まで直線を描画
④arcToで（r, t）を始点にして半径x1で時計回りに90度（cd4）の弧を描画
⑤lnToで（r, b）まで直線を描画
⑥arcToで（r, b）を始点にして半径x1で時計回りに90度（cd4）の弧を描画

⑦lnToで（l, b）まで直線を描画
⑧arcToで（l, b）を始点にして半径x1で時計回りに90度（cd4）の弧を描画
⑨closeで終点と始点を繋いで図形を閉じる

ポイントとしては直線の始点は指定しない。弧を描画し終わった位置から水平もしくは垂直に描画できるように座標を計算する。

なお、path要素は親がpathLst要素であることからも複数配置できる。基本的に一筆書きできないような図形のときにpath要素をわけるが、close要素の後にmoveTo要素を使用すればひとつのpath要素でも対応可能だ。ただし、この挙動は仕様的に正しいかは怪しい。

5.3.4. オリジナルの図形

オリジナルの図形については「5.3.3図形の描画」で軽くふれたとおりprstGeom要素の変わりにcustGeom要素を使用することで実現する。要素の基本的な部分は既に解説したとおりであるため、次のサンプルを参考に実際の動きを確認してみてほしい。

サンプルフォルダー：DrawingML\CustomShape
出来上がり見本：DrawingML\CustomShape.docx

なお、仕様書の「L.4.9 Shape Definitions and Attributes」でも解説されている。

5.3.5. 反転と回転

DrawingMLにおける反転と回転について解説する。反転には上下の反転と左右の反転を含む。次の吹き出しの図形を用いたサンプルを使用して解説する。

サンプルフォルダー：DrawingML\FlipAndRotate
出来上がり見本：DrawingML\FlipAndRotate.docx

サンプルの内容に入る前にポイントとなることを確認する。反転と回転は順番を決めて描画しなければならない。例えば、左右反転と右90度回転を順番を入れ替えて実行すると図5-19のような結果になる。

図5-19 反転と回転の順番

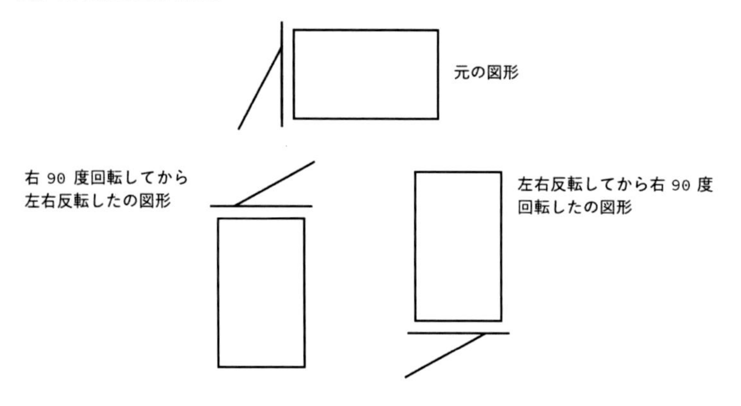

一目瞭然で結果が異なることがわかるだろう。

次に左右反転と右90度回転を設定したデータ構造をリスト5-24に示す。また、反転と回転に関連する要素の説明を表5-16に示す。

リスト5-24 左右反転と90度回転

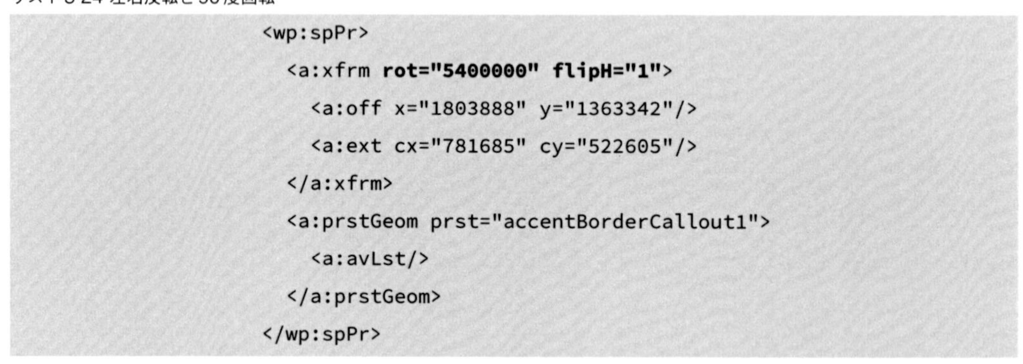

```
<wp:spPr>
  <a:xfrm rot="5400000" flipH="1">
    <a:off x="1803888" y="1363342"/>
    <a:ext cx="781685" cy="522605"/>
  </a:xfrm>
  <a:prstGeom prst="accentBorderCallout1">
    <a:avLst/>
  </a:prstGeom>
</wp:spPr>
```

表5-16 反転と回転に関連する要素（DrawingML - Main）

要素名	説明/属性
xfrm	2D変形（2D Transform for Individual Objects）：要素の変形についての設定。属性でフリップと回転、子要素で移動と拡縮が可能 ・flipH（任意） 横方向に反転 0:そのまま（デフォルト） 1:反転 ・flipV（任意） 縦方向に反転 0:そのまま（デフォルト） 1:反転 ・rot（任意） 回転。設定する値はST_Angleで定義される1/60000(deg)の値。つまり、時計回りで90（deg）回転する場合は、5400000を設定 正の整数：時計回り 負の整数：反時計回り

強調部分（xfrm要素の属性）が表5-16にも出てくるとおり反転と回転の設定となる。リスト5-24ではたまたま回転を示すrot属性が先に書かれているがXMLでは属性の順番に意味は無い。つまり、DrawingMLの要素だけを解析してもどちらを先に処理すべきかは判断できない。

結論としては、反転が先で回転が後である。そして、xfrm要素で設定されている値はユーザーが操作した結果を記録（設定）しているわけではない。ユーザーが操作した結果の見た目にするためにはどのような値にすれば良いかが算出され設定される。そのため、操作の順番を入れ替えた右90度回転してから左右反転を実施した図形のデータはリスト5-25のようになる。

リスト5-25 右90度回転と左右反転

```
<wp:spPr>
  <a:xfrm rot="16200000" flipH="1">
    <a:off x="528540" y="1598723"/>
    <a:ext cx="781685" cy="522605"/>
  </a:xfrm>
  <a:prstGeom prst="accentBorderCallout1">
    <a:avLst/>
  </a:prstGeom>
</wp:spPr>
```

リスト5-25は左右反転してから右270度（=16,200,000/60,000）回転で、ユーザーの操作結果を示している。

5.3.6. 線

Officeには3種類の線があり、それぞれ表5-17の特徴がある。それぞれの線について順番に解説する。

表5-17 線の種類

種類	説明
コネクタ	他の図形の接続ポイントに吸着し、連動して移動する線 直線・カギ線・曲線の3種類の形状がある
曲線	3次ベジェ曲線 接続ポイントに吸着しない
フリーフォーム	任意の形状の図形が作成可能 閉じた形状にすれば塗りつぶしもされる

5.3.6.1. コネクタ

他の図形に接続できるコネクタにもさらに詳細な分類があり、表5-18のとおりだ。

表5-18 コネクタの種類

種類	説明
straightConnector1	直線
bentConnector2	2画のカギ線（1回折れる）
bentConnector3	3画のカギ線（2回折れる）
bentConnector4	4画のカギ線（3回折れる）
bentConnector5	5画のカギ線（4回折れる）
curvedConnector2	2点を結ぶベジェ曲線
curvedConnector3	3点を結ぶベジェ曲線
curvedConnector4	4点を結ぶベジェ曲線
curvedConnector5	5点を結ぶベジェ曲線

ところで、Wordの図形を選択する場面では図5-20の内容を選択できる。

図5-20 コネクタの選択

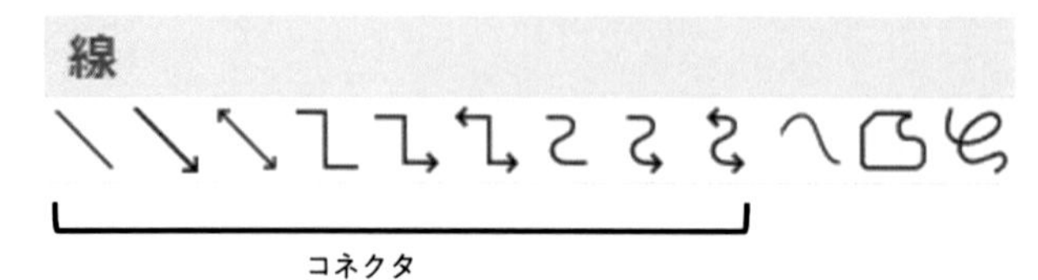

直線・カギ線・曲線からそれぞれ3種類を選択できるが、表5-18で示したバリエーションとは異なる。図5-19に含まれるバリエーションはコネクタの両端の矢印であり、これらはコネクタに設定できる属性であり、コネクタ自体の種類ではない。

Wordにおいてカギ線と曲線の各4種類は何によって決定するか。それは接続している図形の辺との位置関係だ。それぞれの図5-21のとおりだ。

図5-21 コネクタの形状

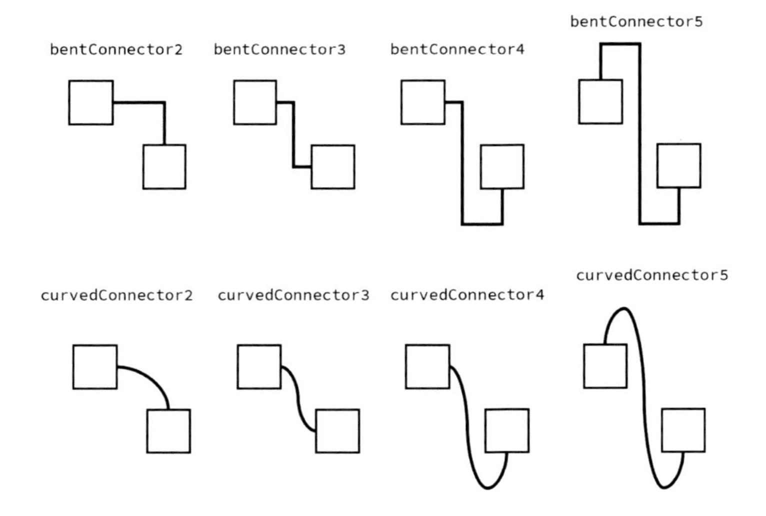

厳密には接続ポイントの方向設定もあるが、基本的に標準図形の場合は辺の法線方向へとコネクタは伸びる。そしてコネクタの接続位置によって折れ曲がる回数が確定し、形状が決まる。つまり、Wordが図形の位置関係に合わせて内部管理の種類を変更している。

それでは、bentConnector5を例に実際のXMLをリスト5-26に示す。なお、カギ線と曲線は直線を引くかベジェ曲線を引くかで異なって見えるが位置の決め方や調整の仕方など基本的な考え方は同じだ。また、次のサンプルの一部をピックアップする形で解説する。

サンプルフォルダー：DrawingML\Connector
出来上がり見本：DrawingML\Connector.docx

リスト5-26 コネクタ：カギ線（bentConnector5）

```
<wps:wsp>
  <wps:cNvPr id="19" name="コネクタ: カギ線 4"/>
  <wps:cNvCnPr/>
  <wps:spPr>
    <a:xfrm rot="16200000" flipH="1">
      <a:off x="3616302" y="431818"/>
      <a:ext cx="677545" cy="506730"/>
    </a:xfrm>
    <a:prstGeom prst="bentConnector5">
      <a:avLst>
        <a:gd name="adj1" fmla="val -33739"/>
        <a:gd name="adj2" fmla="val 50000"/>
        <a:gd name="adj3" fmla="val 133739"/>
      </a:avLst>
```

```
      </a:prstGeom>
    </wps:spPr>
    <wps:style>
      ...
    </wps:style>
    <wps:bodyPr/>
  </wps:wsp>
```

カギ線と領域

図形にはext要素で示される基本的な矩形領域がある。カギ線もその矩形に合わせて描画する。一番簡単なbentConnector2は図5-22のようになる。矩形の左上を始点にして辺の上を右方向と下方向へと右下の終点を目指す。

図5-22 bentConnector2の矩形とカギ線の関係

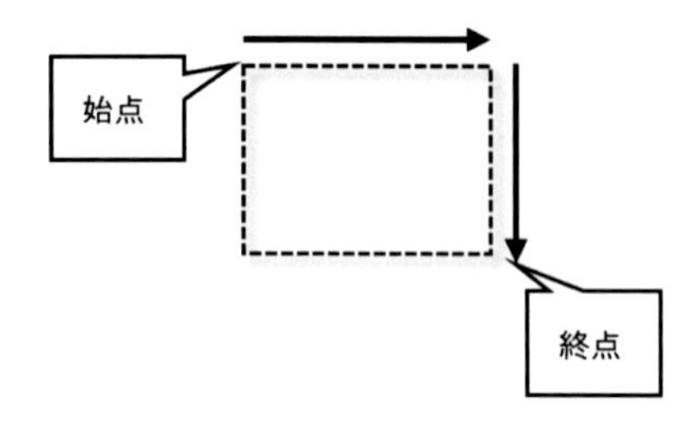

この左上の始点から右下の終点へと向かって線を引いていくことが基本的なカギ線の描画となる。

bentConnector4も基本は同様で図5-23のように始点から終点に向けて描画する。ただし、途中で2回折れ曲がる。

図5-23 bentConnector4の矩形とカギ線の関係

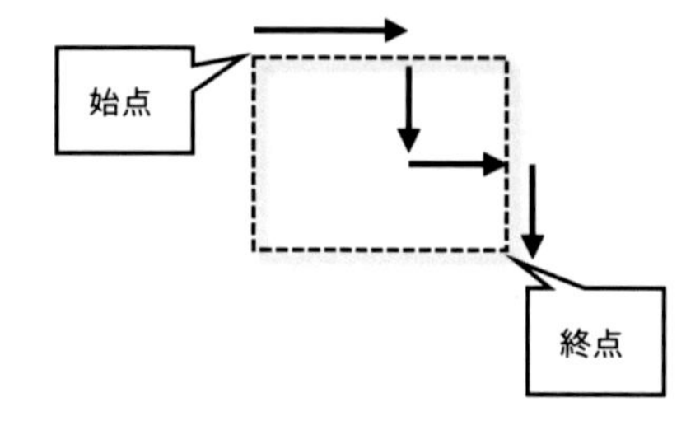

このことからbentConnector5のext要素が示す領域は図5-24の点線の範囲になる。ただし、始点から線を引き始める方向が前述と異なる。理由は後述する。

図 5-24 bentConnector5 の矩形とカギ線の位置関係

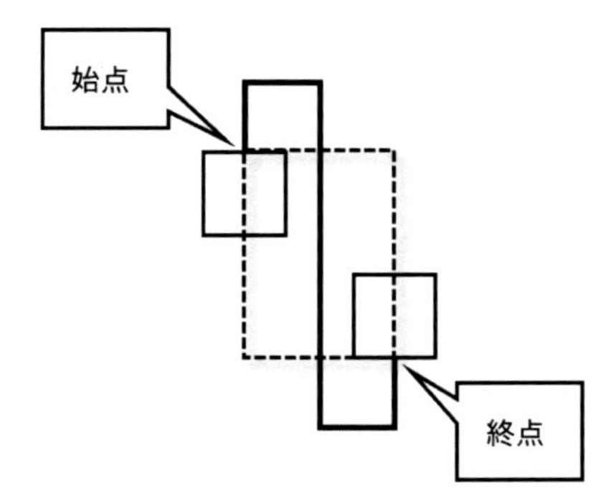

回転と反転

実際にコネクタを使用したdocxファイルの内容を確認してみると分かるが、リスト 5-26のように回転と反転をしていることがある（xfrm要素）。理由はWordの標準的なコネクタの描画ルールである始点から右に向かって1画目を始める、に反しているからだ。詳細は後述するが図 5-20のbentConnector5は垂直方向に1画目を始めており、帳尻合わせが行われた結果である。「5.3.5 反転と回転」でも解説したとおりOOXMLではユーザーの操作を記録しているわけではない。

よって、bentConnector5の例は図 5-25のように左右反転と270度の右回転で成立している。

図 5-25 bentConnector5 の回転と反転

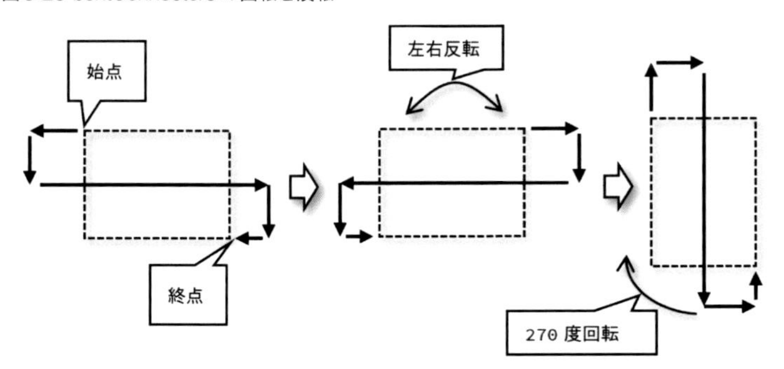

形状の調整

カギ線コネクタには形状を調整する機能がある。特にbentConnector5は初期状態からしっかりと活用される。図形調整用の値はavLst要素の配下に3つある。

```
<a:prstGeom prst="bentConnector5">
  <a:avLst>
    <a:gd name="adj1" fmla="val -33739"/>
    <a:gd name="adj2" fmla="val 50000"/>
    <a:gd name="adj3" fmla="val 133739"/>
  </a:avLst>
```

```
</a:prstGeom>
```

それぞれの値はカギ線に対して図5-26のような関係になる。

図5-26 bentConnector5の調整値

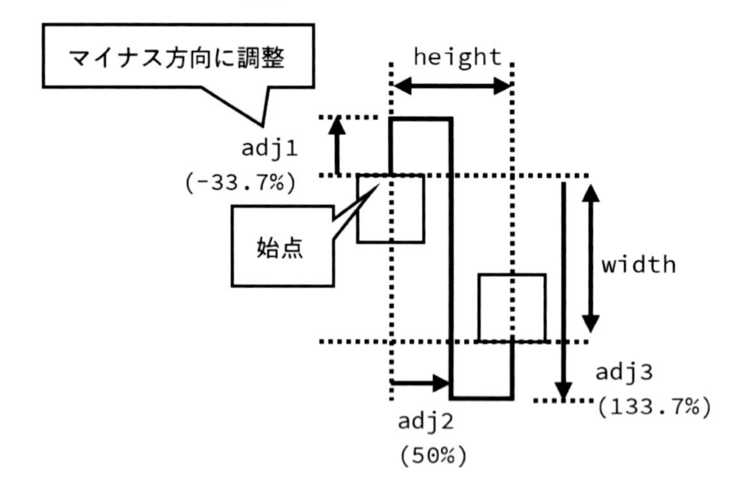

値は百分率で設定し、adj1とadj3は幅に対して、adj2は高さに対しての割合になる。なお、図5-23の例では270度回転しているので幅と高さが結果の見た目と違うため注意が必要だ。また、値の正負は、左上（コネクタの始点）から右下（コネクタの終点）に向かう方向が正の値となる。

矢印・太さなど

コネクタの矢印や太さは形状ではなく属性として定義されている。例えば、図5-27のようにbentConnector4の例に矢印と太さ調整をするとリスト5-27のようにln属性を使用して設定する。関連する要素として表5-19がある。

図5-27 矢印と太さ

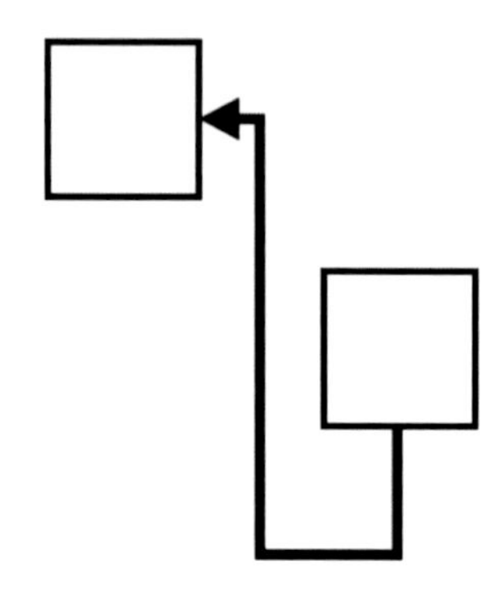

リスト5-27 コネクタ：矢印と太さ

```
<wp:wsp>
  <wp:cNvPr id="18" name="コネクタ: カギ線 3"/>
  <wp:cNvCnPr/>
  <wp:spPr>
    <a:xfrm>
      <a:off x="2696505" y="484205"/>
      <a:ext cx="367665" cy="540385"/>
    </a:xfrm>
    <a:prstGeom prst="bentConnector4">
      <a:avLst>
        <a:gd name="adj1" fmla="val 31121"/>
        <a:gd name="adj2" fmla="val 142254"/>
      </a:avLst>
    </a:prstGeom>
    <a:ln w="19050">
      <a:headEnd type="triangle" w="med" len="med"/>
      <a:tailEnd type="none" w="med" len="med"/>
    </a:ln>
  </wp:spPr>
  <wp:style>
    ...
  </wp:style>
  <wp:bodyPr/>
</wp:wsp>
```

表5-19 回転と太さに関連する要素（DrawingML - Main）

要素名	説明/属性
ln	アウトライン（Outline）：線の形状に関連する属性を設定。コネクタ意外にも線のある図形で使用可能 ・w（任意） 線の太さをEMU値で設定。省略すると0と見なす ・cap（任意） 線の端の処理を次の値で設定 flat：平ら rnd：円（実際は半円でコネクタとしての領域外にはみ出る） sq：四角（四角形はコネクタとしての領域外にはみ出る） ・cmpd（任意） 多重線にするかを次の値で設定 dbl：二重線 sng：一重線（デフォルト） thickThin：二重線（太い＋細い） thinThick：二重線（細い＋太い） tri：三重線
headEnd	開始側先端スタイル（Head line end style）：線の開始側のスタイル装飾を設定 ・type（任意） 先端の装飾を次の値で設定 arrow：矢印 diamond：菱形 none：何も無し（デフォルト） oval：円 strealth：カドが細くなる矢印 triangle：三角形の矢印 ・w（任意） 先端の装飾（矢印など）の幅を次の値で設定 lg：大 med：中 sm：小 ・len（任意） 先端の装飾（矢印など）の長さを次の値で設定 lg：大 med：中 sm：小
tailEnd	終了側先端スタイル（Tail line end style）：線の終了側のスタイルを設定 ・type（任意） 先端の装飾を次の値で設定 arrow：矢印 diamond：菱形 none：何も無し（デフォルト） oval：円 strealth：カドが細くなる矢印 triangle：三角形の矢印 ・w（任意） 先端の装飾（矢印など）の幅を次の値で設定 lg：大 med：中 sm：小 ・len（任意） 先端の装飾（矢印など）の長さを次の値で設定 lg：大 med：中 sm：小

ちなみに、矢印をどのような向きで描画するかは接続ポイントの角度にあわせて行う。具体的な数値は保存されない。

5.3.6.2. 曲線

ユーザーが任意のポイントを指定することで自由な曲線を引くことのできる機能であるが、実体としてはベジェ曲線のみを使用したカスタムシェイプである。

図 5-28のような曲線を作成したときのサンプルを用意したので内容は各自で確認してほしい。

サンプルフォルダー：DrawingML\Curve
出来上がり見本：DrawingML\Curve.docx

図5-28 曲線のサンプル

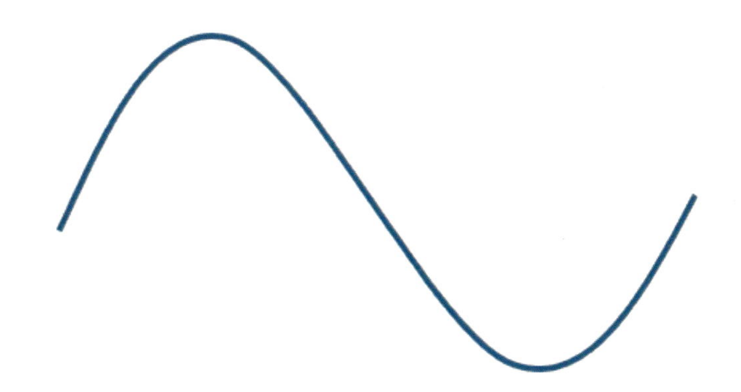

特徴としては（と言ってもOfficeの機能としてという意味であるが）接続ポイントも設定されるところだろう。曲線に対して必要なのだろうか、と疑問に思うところではあるがOfficeは設定している。また、曲線には他の図形のような調整機能が無い代わりに頂点の編集が可能となっている。これはカスタムシェイプとして記録している座標を調整しているだけだ。

5.3.6.3. フリーフォーム

フリーフォームも曲線と同様で実体としてはカスタムシェイプだ。曲線との違いはユーザーの選択したポイント間を直線で結び、ドラッグするとフリーハンドで線が引けるところだ。なお、フリーハンドのところは細かく刻まれたベジェ曲線となる。これはあくまでもOfficeとしての挙動だ。

5.3.7. グループ化

図形をグループ化したときの座標計算などについて解説する。サンプルに図 5-29のように4つの図形をグループ化したものを使用する。

サンプルフォルダー：DrawingML\Grouping
出来上がり見本：DrawingML\Grouping.docx

図5-29 グループ化のサンプル

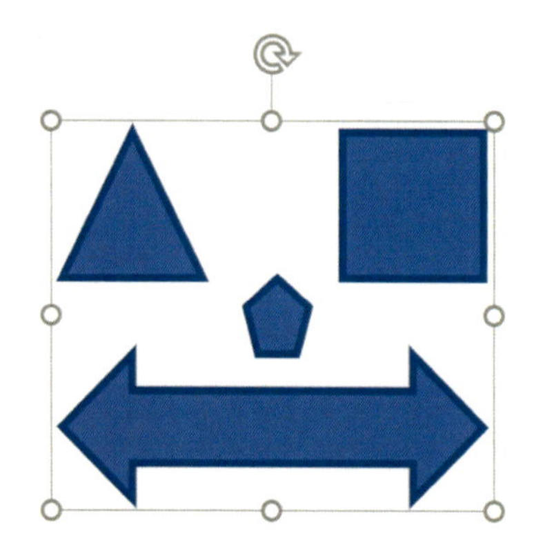

5.3.7.1. グループ化のデータ構造

図形のグループ化はwsp要素をwgp要素でまとめる形をとる。サンプルのデータ構造はリスト5-28のとおりで使用する要素は表5-20となる。

リスト5-28 グループ化時のデータ構造

```
<w:drawing>
  <wp:inline distT="0" distB="0" distL="0" distR="0">
    ...
    <a:graphic xmlns:a="http://purl.oclc.org/ooxml/drawingml/main">
      <a:graphicData uri="http://schemas.microsoft.com/...">
        <wp:wpc>
          <wp:bg/>
          <wp:whole/>
          <wp:wgp>
            <wp:cNvPr id="7" name="グループ化 1"/>
            <wp:cNvGrpSpPr/>
            <wp:grpSpPr>
              <a:xfrm>
                <a:off x="642796" y="443614"/>
                <a:ext cx="756000" cy="636775"/>
                <a:chOff x="642796" y="443614"/>
                <a:chExt cx="756000" cy="636775"/>
              </a:xfrm>
            </wp:grpSpPr>
            <wp:wsp>
              <wp:cNvPr id="2" name="二等辺三角形"/>
              ...
            </wp:wsp>
            <wp:wsp>
```

```
                <wp:cNvPr id="3" name="正方形/長方形"/>
                ...
              </wp:wsp>
              <wp:wsp>
                <wp:cNvPr id="4" name="矢印: 左右"/>
                ...
              </wp:wsp>
              <wp:wsp>
                <wp:cNvPr id="5" name="五角形"/>
                ...
              </wp:wsp>
            </wp:wgp>
          </wp:wpc>
        </a:graphicData>
      </a:graphic>
    </wp:inline>
  </w:drawing>
```

表5-20 グループ化で使用する要素（DrawingML - WordprocessingML）

要素名	説明/属性
wgp	図形グループ（WordprocessingML Shape Group）：図形をグループ化する。wsp要素を配下に持てる
grpSpPr	図形グループのプロパティー（Visual Group Shape Properties）：図形グループの描画に関係するプロパティーを持つ
grpSp	図形グループ（Group shape）：図形をグループ化する。Wordではグループ化をネストするときに使用
chOff	子供のオフセット（Child Offset）：グループ化したときの子供の図形の位置情報 ・x（必須）　x座標方向の値。EMU値かST_UniversalMeasureで定義された単位付きの値が設定可能。 単位付きのときの書式：-?[0-9]+(\.[0-9]+)?(mm|cm|in|pt|pc|pi) ・y（必須）　y座標方向の値。設定できる値はxと同様
chExt	サイズ（Child Extents）：グループ化したときの図形の領域を示す長方形のサイズを設定 ・cx（必須）　幅。EMU値が設定可能 ・cy（必須）　高さ。EMU値が設定可能

グループのプロパティー

グループもひとつの図形として扱われるため、位置や大きさを持つ。また、子供の図形に対する補助的な値も持っており座標計算に用いる。

グループ化のネスト

WordなどのOfficeを使用したことがあればご存じかと思うが、図形のグループ化はネストができる。その場合、grpSp要素を使用する。wgp要素はグループのトップレベルのみで使用できる。このルールはインラインで図形を配置したときも同様だ。

5.3.7.2. 座標計算

座標計算はグループとしてのプロパティーで記録している位置情報と各図形で記録している位置情報の両方を用いる。また、グループの位置情報にはグループ自身の情報と子供の情報の両方を持っているため座標計算が少し複雑になる。

サンプルから五角形の図形の部分を抜粋するとリスト5-29のような値となっている。

リスト5-29 グループ化している図形の位置情報

```
<wp:wgp>
  ...
  <wp:grpSpPr>
    <a:xfrm>
      <a:off x="894796" y="631436"/>
      <a:ext cx="577637" cy="487391"/>
      <a:chOff x="642796" y="443614"/>
      <a:chExt cx="756000" cy="636775"/>
    </a:xfrm>
  </wp:grpSpPr>
  ...
  <wp:wsp>
    <wp:cNvPr id="5" name="五角形"/>
    ...
    <wp:spPr>
      <a:xfrm>
        <a:off x="973248" y="695585"/>
        <a:ext cx="113168" cy="132764"/>
      </a:xfrm>
      ...
    </wp:spPr>
    ...
  </wp:wsp>
</wp:wgp>
```

これらの値を用いて結論としては次の計算式で子供の位置や大きさ求めることができる。

```
x = g.off.x + (c.off.x - g.chOff.x) * (g.ext.cx / g.chExt.cx)
y = g.off.y + (c.off.y - g.chOff.y) * (g.ext.cy / g.chExt.cy)

g : グループのgrpSpPr要素の情報
c : 子供のspPr要素の情報
```

基本的に子供になっている図形の位置情報も絶対値なのだが、grpSpPr要素のoff・ext要素とchOff・chExt要素の関係で少しことが難しくなっている。実は子供になっている図形の情報はグループ化したときの情報が設定され続け変化しない（させない）。つまり、グループ化した後はグループのgrpSpPr要素の情報だけを修正すれば子供の要素の情報を気にしなくても良いようになっているのだ。

これはグループがネストしていても同様で常に位置情報を修正するのは一番親になっているグループの情報のみである。

ただし、グループ化した直後に位置も大きさも変更していない状態で見ると子供の位置情報が絶対値で入っているように見えてしまい誤解してしまうかもしれない。はまりポイントである。

また、グループ化した状態での反転や回転は図形単体のときとは軸がずれるため気をつけてほしい。

第6章 互換性と拡張性

OOXMLには未来の拡張機能や過去との互換性を保持するための仕組みが用意されている。本章ではWordprocessingMLをベースに解説する。

6.1. 仕様の定義と情報

互換性と拡張性については次の仕様書に記述されている。

・仕様書Part3
　Office Open XML File Formats — Markup Compatibility and Extensibility
・仕様書Part1
　Office Open XML File Formats — Fundamentals and Markup Language Reference
　付録：L.1.18.4 Roundtripping Alternate Content

仕様書ではMarkup Compatibility and ExtensibilityのことをMCEと省略して表現しているため、本書でも同様に記述する。

6.2. 無視できる機能

OOXMLでは、Ignorable属性を使用して現状で仕様に盛り込まれていない要素や属性をドキュメント内に含めることができる。

サンプルでは、架空のワープロアプリケーションで段落をいばらで装飾してしまう機能を実装した場合を想定してIgnorable属性の使用方法を解説する。残念ながら架空のアプリケーションであるため仕上がり見本はないが、オリジナルの要素を追加したdocument.xmlはリスト6-1のとおりだ。

サンプルフォルダー：MCE\Ignorable
出来上がり見本：MCE\Ignorable.docx

リスト6-1 オリジナル要素を追加したdocument.xml

```
<?xml version="1.0" encoding="UTF-8" standalone="yes"?>
<w:document xmlns:w="http://purl.oclc.org/ooxml/wordprocessingml/main"
    xmlns:mc="http://schemas.openxmlformats.org/markup-compatibility/2006"
    xmlns:relog="http://relog.xii.jp/xml"
    mc:Ignorable="relog"
    w:conformance="strict">
```

```
<w:body>
  <w:p>
```

6.2.1. MCEの名前空間

MCEに関連する要素や属性は次のUriで名前空間の定義が必要だ。

MCE用Uri：http://schemas.openxmlformats.org/markup-compatibility/2006

WordprocessingMLとしては名前空間のプレフィックスにはmcを使用するのがお約束である。

6.2.2. オリジナルの名前空間の定義

オリジナルの機能用の名前空間「http://relog.xii.jp/xml」をプレフィックス「relog」で定義する。Uriは何でも良いのでサンプルは著者サイトのUrlを流用している。実際に使用するときは開発しているアプリケーションのUrlを使用するなど検討してほしい。

仕様書Part1「Annex D.（informative）Namespace Prefix Mapping in Examples」にOOXMLで使われる名前空間とプレフィックスのマッピングが参考情報としてまとめられている。最低でも、ここに書かれているプレフィックスは避けるべきだろう。

6.2.3. 無視できる機能として登録

名前空間のプレフィックスをIgnorable属性に設定することで、実際にこのXMLファイルを読み込むアプリケーションに無視しても良いと知らせられる。

プレフィックスを複数登録するときはスペースで区切る。

6.2.4. オリジナルの要素を使う

サンプルは段落をいばらで装飾してしまう機能を追加設定するため、次のようにpPr要素の中にオリジナルの要素を配置する。さらに、太さを設定できるweight属性も設定する。プレフィックスの付け忘れに注意してほしい。

```
<w:pPr>
  <relog:thorn relog:weight="10"/>
</w:pPr>
```

6.2.5. Wordでの挙動

Wordのファイル（docx）として開いてみてほしい。特別何も起こらない。見た目への影響もなければエラーもでない。狙いどおりである。架空のワープロでしか使用できない要素を埋め込むことができた。当然だが、Ignorable属性からプレフィックスを取り除いてWordで開くとエラーになる。

ちなみに、このファイルで改行などを追加して上書き保存すると、オリジナルの要素は消える。

6.2.6. Ignorable属性の位置と有効範囲

Ignorable属性で名前空間のプレフィックスを設定したとき、Ignorable属性を設定した要素を含めた配下の構造に対して有効だ。そのため、必ずしもドキュメントルートの要素に設定する必要はない。必要に応じて設定する場所を調整しても良い。

極端な例としては次の使用方法もありだ。

```
<w:pPr>
  <relog:thorn relog:weight="10" mc:Ignorable="relog"/>
</w:pPr>
```

6.2.7. Wordの出力するStrictの名前空間

これまでの本書を読み進めてきて既に気づいているかもしれないが、WordがStrictとして保存するファイル（完全 Open XML ドキュメント）は、Strictの範囲外の要素も含まれている。ただ、WordとしてはTransitionalの範囲まで対応しているため、それらのデータを扱える。逆にStrictにしか対応していないアプリケーションはIgnorableな要素や属性は無視するため見た目が崩れたりといった問題がでる可能性がある。データ的には問題にならないが……。

なお、ほとんど内容の無い状態のファイルをWordで保存した場合の名前空間の定義はリスト6-2のようになる。

リスト6- 2 Wordの出力するdocument.xmlの冒頭

```
<?xml version="1.0" encoding="UTF-8" standalone="yes"?>
<w:document
  xmlns:cx="http://schemas.microsoft.com/office/drawing/2014/chartex"
  xmlns:cx1="http://schemas.microsoft.com/office/drawing/2015/9/8/chartex"
  xmlns:cx2="http://schemas.microsoft.com/office/drawing/2015/10/21/chartex"
  xmlns:cx3="http://schemas.microsoft.com/office/drawing/2016/5/9/chartex"
  xmlns:cx4="http://schemas.microsoft.com/office/drawing/2016/5/10/chartex"
  xmlns:cx5="http://schemas.microsoft.com/office/drawing/2016/5/11/chartex"
  xmlns:cx6="http://schemas.microsoft.com/office/drawing/2016/5/12/chartex"
  xmlns:cx7="http://schemas.microsoft.com/office/drawing/2016/5/13/chartex"
  xmlns:cx8="http://schemas.microsoft.com/office/drawing/2016/5/14/chartex"
  xmlns:mc="http://schemas.openxmlformats.org/markup-compatibility/2006"
  xmlns:aink="http://schemas.microsoft.com/office/drawing/2016/ink"
  xmlns:am3d="http://schemas.microsoft.com/office/drawing/2017/model3d"
  xmlns:o="urn:schemas-microsoft-com:office:office"
  xmlns:r="http://purl.oclc.org/ooxml/officeDocument/relationships"
  xmlns:m="http://purl.oclc.org/ooxml/officeDocument/math"
```

```
xmlns:v="urn:schemas-microsoft-com:vml"
xmlns:wp14="http://schemas.microsoft.com/office/word/2010/
            wordprocessingDrawing"
xmlns:wp="http://purl.oclc.org/ooxml/drawingml/wordprocessingDrawing"
xmlns:w10="urn:schemas-microsoft-com:office:word"
xmlns:w="http://purl.oclc.org/ooxml/wordprocessingml/main"
xmlns:w14="http://schemas.microsoft.com/office/word/2010/wordml"
xmlns:w15="http://schemas.microsoft.com/office/word/2012/wordml"
xmlns:w16cid="http://schemas.microsoft.com/office/word/2016/wordml/cid"
xmlns:w16se="http://schemas.microsoft.com/office/word/2015/wordml/symex"
xmlns:wpi="http://schemas.microsoft.com/office/word/2010/wordprocessingInk"
xmlns:wne="http://schemas.microsoft.com/office/word/2006/wordml"
mc:Ignorable="w14 w15 w16se w16cid wne wp14"
w:conformance="strict">
<w:body>
```

注目したいポイントとしては、Ignorable属性に設定されているプレフィックスが一部だけと言う点だ。Ignorable属性に設定されているものはdocument要素の配下で何らかの要素が使用されているが、実際にエラーにならない。逆に、名前空間の定義だけであればエラーとはならないのだ。

6.3. 互換性と拡張性

続いて互換性を保つためのデータ構造の作り方をWordprocessingMLの図形を例にして解説する。サンプルは、Wordで描画キャンバスの中に長方形をひとつだけおいた状態のファイルをStrictとTransitionalの両方で保存して差を比較する形で用いる。ここでの解説に不要なファイルも増えてしまうが、document.xmlの差を見てほしい。

具体的なデータ構造の違いはリスト6- 3の強調部分のところになる。そこで用いる要素は表6- 1のとおりだ。

サンプルフォルダー：MCE\Shape\Strict
MCE\Shape\Transitional
出来上がり見本：MCE\Shape\Strict.docx
MCE\Shape\Transitional.docx

リスト6- 3 Transitionalの図形

```
<w:document
  ...
  xmlns:wpc="http://schemas.microsoft.com/office/word/2010/wordprocessingCanvas"
  xmlns:mc="http://schemas.openxmlformats.org/markup-compatibility/2006"
```

```
  ...>
...
    <w:p w:rsidR="00F56060" w:rsidRDefault="0098243F">
      <w:r>
        <w:rPr>
          <w:noProof/>
        </w:rPr>
        <mc:AlternateContent>
          <mc:Choice Requires="wpc">
            <w:drawing>
              <wp:inline distT="0" distB="0" distL="0" distR="0">
              <!-- ここから図形のデータ構造 -->
              ...
                <a:graphic xmlns:a="http://schemas.openxml ...">
                  <a:graphicData uri="http://sc ... /wordprocessingCanvas">
                    <wpc:wpc>
                      <wpc:bg/>
                      <wpc:whole/>
                      <wps:wsp>
                        ...
                      </wps:wsp>
                    </wpc:wpc>
                  </a:graphicData>
                </a:graphic>
              </wp:inline>
            </w:drawing>
          </mc:Choice>
          <mc:Fallback>
            <w:pict>
              <!-- このあたりに図形のデータ構造 -->
              ...
            </w:pict>
          </mc:Fallback>
        </mc:AlternateContent>
      </w:r>
    </w:p>
```

表6- 1 Transitionalの図形の定義で使用する要素

要素名	説明/属性
AlternateContent	代替えコンテンツ：現在のOOXMLで定義されていない機能を盛り込むための要素。配下にChoice要素と任意でFallback要素を配置可能。入れ子やXMLファイルのルートに来る場合もある。詳細は仕様書Part3「7.5 AlternateContent Element」を参照
Choice	選択：拡張機能を有したデータ構造を配下に有する要素 ・Requires　Choice要素の配下を解釈するために要求される名前空間をスペース区切りで設定
Fallback	後退：Choice要素配下に対応できない場合に読み込む要素

6.3.1. 下位互換か拡張か

このAlternateContent要素を用いたデータ構造は、どちらかと言えば現状のOOXMLでは対応していない拡張機能をオリジナルのアプリケーションに盛り込むときに使用するイメージだが、逆方向でWordprocessingMLの図形では互換性を保持するために使用している。どちらの使い方も正しくリスト6- 4が使い方の比較イメージだ。

リスト6- 4 互換性と拡張性の比較

```
<w:document
  ...
  xmlns:mc="http://schemas.openxmlformats.org/markup-compatibility/2006"
  ...>
...
    <w:p>
      <w:r>
        <!-- 拡張を軸にした使い方 -->
        <mc:AlternateContent>
          <mc:Choice Requires="hoge">
            <!-- 拡張機能の構造 -->
          </mc:Choice>
          <mc:Fallback>
            <!-- OOXML標準の構造 -->
          </mc:Fallback>
        </mc:AlternateContent>
        <!-- 下位互換を軸にした使い方 -->
        <mc:AlternateContent>
          <mc:Choice Requires="hoge">
            <!-- OOXML標準の構造 -->
          </mc:Choice>
          <mc:Fallback>
            <!-- 過去のデータ構造 -->
          </mc:Fallback>
```

```
        </mc:AlternateContent>
      </w:r>
    </w:p>
```

6.3.2. Choice要素でしていること

表6- 1で説明しているとおりなのだが、リスト6- 3を抜粋した次の強調部分に注目してほしい。Choice要素はwpcという名前空間を要求している。

```
<w:document
  ...
  xmlns:wpc="http://schemas.microsoft.com/office/word/2010/wordprocessingCanvas"
  ...>
...
          <mc:Choice Requires="wpc">
            <w:drawing>
              <wp:inline distT="0" distB="0" distL="0" distR="0">
                ...
                <a:graphic xmlns:a="http://schemas.openxml ...">
                  <a:graphicData uri="http://sc ... /wordprocessingCanvas">
                    <wpc:wpc>
                      <wpc:bg/>
                      <wpc:whole/>
                      <wps:wsp>
                        ...
                      </wps:wsp>
                    </wpc:wpc>
                  </a:graphicData>
                </a:graphic>
              </wp:inline>
            </w:drawing>
          </mc:Choice>
```

今回はWordの描画キャンバスを使用しているため、その要素が使えることを確認しているのだ。また、名前空間のプレフィックスを使いたい要素と同じにすることでChoice要素を見たときに何を求めているかをわかりやすくしていると考えられる。

6.3.3. 下位互換情報

Fallback要素の配下（厳密にはpict要素の配下）はVMLで定義された図形の情報だ。VMLはOffice 2000のころに採用されたフォーマットで下位互換のためにOOXML含まれていることになる。

本書での解説は割愛するが、導入として仕様書Part1の「L.5 Introduction to VML」が参考になる。

なお、MS Officeの最新版でもVMLには対応しており、次のように名前空間を書き換えてしまうとChoice要素で要求する名前空間がMS Officeの扱えないものになりFallback要素側が選択され、図形が描画される。

```
<w:document
  ...
  xmlns:wpc="http://schemas.microsoft.com/office/hoge"

  ...>
...
```

意図どおりFallback要素側が選択（もしくはChoice要素が無視）されたことを確認するために、Fallback要素ごと削除してしまって見た目上は空のファイルにしてしまうか、次のようにrect要素の属性を書き換えてしまうかだ。見た目に確実に影響する後者の方がわかりやすいだろう。

```
<v:rect id="正方形/長方形 2" o:spid="_x0000_s1028"
 style="position:absolute;left:2862;top:2464; ... 略 ... v-text-anchor:middle"
 o:gfxdata="UEs ... 略 ... IAAAAA&#xA;" fillcolor="#4472c4 [3204]"
 strokecolor="#1f3763 [1604]"
 strokeweight="5pt"/>
```

付録

本章では、ここまでの章ではまとめづらかったお役立ち情報などをまとめる。

仕様書の道案内

ここでは、仕様書のどこにどのような内容が書いてあるかについて紹介する。ちょっとした道案内である。

まずは、PDFを参照するときはしおりを開くことをお勧めする。

なお、自分の取り扱いたいOOXMLの仕様がStrict版なのかTransitional版なのかは注意が必要だ。どちらにしても基本的にはPart1を見ることになるが、Transitional版のときはPart3も合わせて確認が必要だ。例えば、コンテンツタイプや名前空間・参照定義用のURIはそれぞれ対応した仕様書にしか記載がない。

各MLの概要や構成パーツの説明

次の章を参照する（Transitional版では章番号が少し異なる）。

11. WordprocessingML
12. SpreadsheetML
13. PresentationML
14. DrawingML
15. Shared

各構成パーツの一覧やルート要素、参照用URIなどがまとめられている。参照定義ファイル（*.rels）を作るならここは必見となる。

各MLの要素のリファレンス

次の章を参照する（Transitional版では章番号が少し異なる）。

17. WordprocessingML Reference Material
18. SpreadsheetML Reference Material
19. PresentationML Reference Material
20. DrawingML - Framework Reference Material

20.1 DrawingML - Main

20.2 DrawingML - Picture

20.3 DrawingML - Locked Canvas

20.4 DrawingML - WordprocessingML Drawing

20.5 DrawingML - SpreadsheetML Drawing

21. DrawingML - Components Reference Material

21.1 DrawingML - Main

21.2 DrawingML - Charts

21.3 DrawingML - Chart Drawings

21.4 DrawingML - Diagrams

22. Shared MLs Reference Material

各章の最初（数行の説明の後）に要素の説明への章内の目次がある。MLをまたいで同名の要素もあるためターゲットにしているMLの章を選択して検索すると良いだろう。

要素の説明には簡単なサンプルとともに説明が記載されている。もちろん、属性の詳細もある。要素の説明の最後にはその要素のスキーマ定義へのリンクがあるため活用したい。例えば、WordprocessingMLのdocument要素であればCT_Documentへのリンクが記述されている。ただし、ときどきリンク先が間違っているときがあるので注意してほしい。

調べるときのよくある流れとしては、MLの章へ移動、要素名で検索、要素や属性の説明を読む、スキーマ定義へ飛んで子要素として定義できる要素などを確認、と言った感じだ。

参考文献

・ECMA-376-1:2016 Office Open XML File Formats - Fundamentals and Markup Language Reference

・ECMA-376, 4th Edition Office Open XML File Formats - Open Packaging Conventions

・ECMA-376-3, 5th Edition Office Open XML File Formats - Markup Compatibility and Extensibility

・ECMA-376-4:2016 Office Open XML File Formats - Transitional Migration Features

著者紹介

折戸 孝行（おりと たかゆき）

自動車業界でエンジニアをしているが、プライベートの技術系活動は気の向くままで本業とは無関係。近年はQtを用いたアプリ作成や関連技術書を執筆しており、自著の電子書籍化のためにWordからEPUBに変換するツール（https://leme.style）を作成する。皆さんにはOffice Open XMLと上手に付き合ってほしいと思う。

◎本書スタッフ
アートディレクター/装丁：岡田章志＋GY
編集協力：飯嶋玲子
表紙イラスト：にもし
デジタル編集：栗原 翔

技術の泉シリーズ・刊行によせて

技術者の知見のアウトプットである技術同人誌は、急速に認知度を高めています。インプレスR&Dは国内最大級の即売会「技術書典」（https://techbookfest.org/）で頒布された技術同人誌を底本とした商業書籍を2016年より刊行し、これらを中心とした『技術書典シリーズ』を展開してきました。2019年4月、より幅広い技術同人誌を対象とし、最新の知見を発信するために『技術の泉シリーズ』へリニューアルしました。今後は「技術書典」をはじめとした各種即売会や、勉強会・LT会などで頒布された技術同人誌を底本とした商業書籍を刊行し、技術同人誌の普及と発展に貢献することを目指します。エンジニアの"知の結晶"である技術同人誌の世界に、より多くの方が触れていただくきっかけになれば幸いです。

株式会社インプレスR&D
技術の泉シリーズ　編集長　山城 敬

●落丁・乱丁本はお手数ですが、インプレスカスタマーセンターまでお送りください。送料弊社負担に てお取り替えさせていただきます。但し、古書店で購入されたものについてはお取り替えできません。
■読者の窓口
インプレスカスタマーセンター
〒 101-0051
東京都千代田区神田神保町一丁目 105番地
TEL 03-6837-5016／FAX 03-6837-5023
info@impress.co.jp
■書店／販売店のご注文窓口
株式会社インプレス受注センター
TEL 048-449-8040／FAX 048-449-8041

技術の泉シリーズ

あと一歩深い情報を得るためのロードマップ〜Office Open XMLフォーマットガイド

2019年11月1日　初版発行Ver.1.0（PDF版）

著　者　折戸 孝行
編集人　山城 敬
発行人　井芹 昌信
発　行　株式会社インプレスR&D
〒101-0051
東京都千代田区神田神保町一丁目105番地
https://nextpublishing.jp/
発　売　株式会社インプレス
〒101-0051　東京都千代田区神田神保町一丁目105番地

印刷・製本　京葉流通倉庫株式会社
Printed in Japan

ISBN978-4-8443-7823-5

NextPublishing®

●本書はNextPublishingメソッドによって発行されています。
NextPublishingメソッドは株式会社インプレスR&Dが開発した、電子書籍と印刷書籍を同時発行できるデジタルファースト型の新出版方式です。 https://nextpublishing.jp/